贵州省职业技能学历双提升工程

作物生产技术

贵州省教育厅 / 编

贵州大学出版社
Guizhou University Press

图书在版编目（CIP）数据

作物生产技术 / 贵州省教育厅编. -- 贵阳 : 贵州大学出版社, 2022.11

贵州省职业技能学历双提升工程

ISBN 978-7-5691-0666-4

Ⅰ. ①作… Ⅱ. ①贵… Ⅲ. ①作物－栽培技术－职业教育－教材 Ⅳ. ①S31

中国版本图书馆CIP数据核字(2022)第233239号

贵州省职业技能学历双提升工程 · 作物生产技术

编　　者 / 贵州省教育厅

出 版 人 / 闵　军

责任编辑 / 文桂芳

装帧设计 / 陈　丽　王　涛

出版发行 / 贵州大学出版社有限责任公司

地址：贵阳市花溪区贵州大学东校区出版大楼

邮编：550025　电话：0851-88291180

印　　刷 / 贵阳精彩数字印刷有限公司

开　　本 / 889毫米×1194毫米　1/32

印　　张 / 7.5

字　　数 / 124千字

版　　次 / 2022年11月第1版

印　　次 / 2022年11月第1次印刷

书　　号 / ISBN 978-7-5691-0666-4

定　　价 / 26.00元

编委会

前　言

“职业技能学历双提升工程”(以下简称“双提升工程”)，是贵州省整体提升教育水平攻坚行动计划的“七大工程”之一。“双提升工程”主要是帮助16—59周岁未上学或低学历劳动者提升文化水平，让他们能学习一技之长，提高就业的核心竞争力，实现劳动增收。

开展“双提升工程”意义重大。首先，它是“提高人均受教育年限”最直接、最快捷的办法；其次，它是实施“技能贵州”、补足短板最重要的途径；最后，它是广大农民在家增收致富、外出务工的“锦囊妙计”。在家的农民朋友经过“双提升工程”培训后，能够掌握种植、养殖和农产品加工等技术，学会“苗绣”、“贵银”、蜡染等非物质文化传承技术，可以很好地实现增收致富。贵州是劳务输出大省，但许多外出务工者只能从事待遇较低的简单劳力工作。如果经过“双提升工程”培训，拿到一个与技术相关的证书，收入就可能是普通工人的2—3倍或更高。如同样去建筑工地打工，懂技术的钢筋工、水泥工、水电工就比普通工人的工资多一倍以上。

为确保“双提升工程”有序开展，贵州省教育厅委托黔南布依族苗族自治州教育局组织黔南民族幼儿师范高等专科学校和贵州大学出版社编写文化基础教材，组织黔南民族幼儿师范高等专科学校、黔南民族职业学院、罗甸县中等职业学校、贵定职业技术学校等职业院校和贵州大学出版社编写专业技能课程教材，以此作为职业技术学校“双提升工程”的通用教材。本次教材的编写，无论是文化基础教材还是专业技能课程教材，都充分考虑了受教育者的学习能力与现有水平。文化基础教材通过通俗易懂的语言、简洁明了的图片等形式，向广大受教育群体讲述了我国优秀历史文化知识、政策法规等。专业技能课程教材则以劳动者日常生活所必需的技术技能为基础，重点介绍了电子电器的应用与维修、计算机的应用与维修、服装设计与工艺、民族服装与服饰、中餐烹饪等11个固定专业技能和4个具有地方特色的专业技能，具有较强的实用性和可操作性，充分体现了“双提升工程”与乡村振兴的密切联系。同时，本系列教材内容设置层层递进，让具有劳动能力但文化水平较低的劳动者通过培训，学习掌握扎实的文化知识和专业技能，真实有效地提高全省劳动者的文化水平，进一步增强这一部分人的从业就业能力。

教育是国之大计、党之大计！教育兴则国家兴，教育强则国家强。职业教育是国民教育体系和人力资源开发的重要组成部分，肩负着培养多样化人才、传承技术技能、促进就业创业的重要职责。大力开展“双提升工程”培训，有利于践行“以人民为中心”的发展理念，帮助广大农民朋友提升学历，并掌握一技之长，使他们能够更好地在家就业或外出务工，让他们“腰包鼓起来”，进而实现增收致富，达到“人人职教、个个就业、家家致富”的目标！

目　录

1　果树的生产技术

2 蔬菜的生产技术

3 茶叶的生产技术

4 其他作物的生产技术

1

果树的生产技术

项目一　桃树的生产技术

※ 学习目标

- 了解桃园的建设。
- 掌握桃树的育苗、移栽、修剪、病虫害防治。
- 了解桃树的肥水管理、花果管理。

※ 学习重点

- 桃树的修剪及病虫害防治。

任务一　桃园的建设

建设桃园应选择符合主栽桃树品种的生态习性、气候适宜、交通便利、土层深厚、改土成本低、水源充足、地下水位在 1.5 m 以下、无污染的丘陵或山地。根据建园目标，进行桃园总体规划。

图 1-1 山地桃园

• 选择地址

- 选择背风向阳的地段。
- 选择（地下）水位低于 1.5 m 的地势。
- 选择交通方便的地段。
- 选择厚 40 cm 以上的土层。
- 选择远离污染源的地段。

• 规划

- 规划小区：以品种来划分小区。
- 规划道路：规划 6 m 左右贯穿桃园的主路。4 m

左右宽的干路，连接小区和主路。2 m 左右的支路，为人行道。

图 1-2 山地桃园主路

▸ 排灌系统：规划蓄水池，园内过多的水能贮存在池子里。排水沟连接各蓄水池，园内过多的水能及时通过排水沟排到园外。

图 1-3 山地桃园排水系统

▶ 辅助建筑物：根据需求和实际条件，规划工具房、住宿用房、贮藏室、加工厂、农机房、配药房、养蜂场、防风林等辅助设施。观光型生活体验果园还要设计超市、餐厅、休憩间、娱乐室等配套设施。

任务二　桃树的育苗、移栽

桃树分有性繁殖和无性繁殖两种，在生产中多以无性繁殖为主，有性繁殖主要为嫁接提供砧木苗。移栽有带土移栽和不带土移栽两种方式。

· 育苗

实生苗

由种子繁殖获得的苗木称为实生苗。实生苗根系发达、适应性广、抗性强，便于大量繁殖，但实生苗后代变异性大，易发生变异。桃树实生苗在生产中主要用作嫁接苗的砧木。

（a）　（b）

图 1-4 实生苗根系发达

营养繁殖苗

营养繁殖苗又称无性繁殖苗，指将桃树的茎、芽作为繁殖材料，利用其再生能力培育桃苗，利用营养繁殖获得的苗木。营养繁殖苗具有保持母本树优良性状和特性、早结果、早丰产的优点。桃树的育苗绝大部分是采用嫁接法。

（a）　（b）

图 1-5 桃树嫁接苗

嫁接育苗

嫁接育苗是指将植物的枝或芽接到另一种植物的适当部位，使它们结合在一起，形成一个新的植株。枝接常在3—4月和9—10月进行，芽接在2—11月都可进行。接在上部的不具有根系的部分（枝和芽）称为“接穗”，位于下面承受接穗的、具有根系的部分称为“砧木”。

桃树劈接法 劈接法适用于较粗的砧木，并广泛用于果树高接换头。采集树冠外围中上部健壮充实、芽眼饱满、已木质化的当年生或一年生枝作接穗。

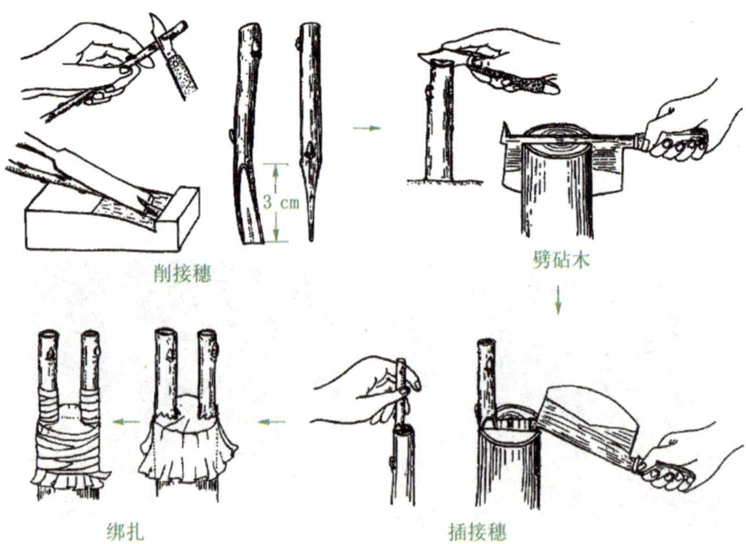

图 1-6 桃树劈接法

桃树切接法 适用于根茎为 1—2 cm 粗的砧木。

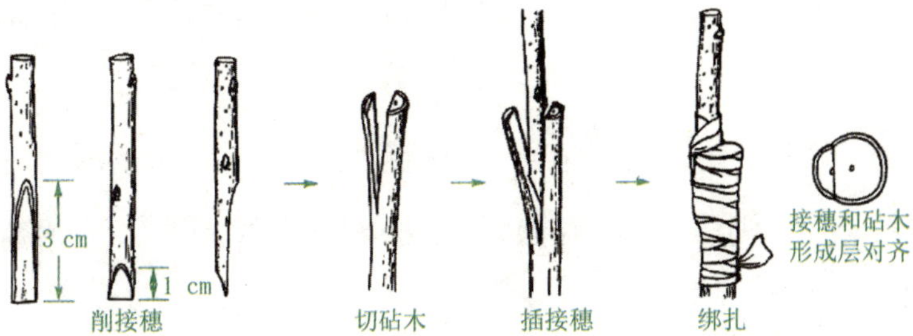

图 1-7 桃树切接法

桃树嵌芽接法 从接穗芽上方下削约 2 cm 取芽，要深入木质部，再从芽下方切入约 0.6 cm，即可取下带木质部的芽片备用。

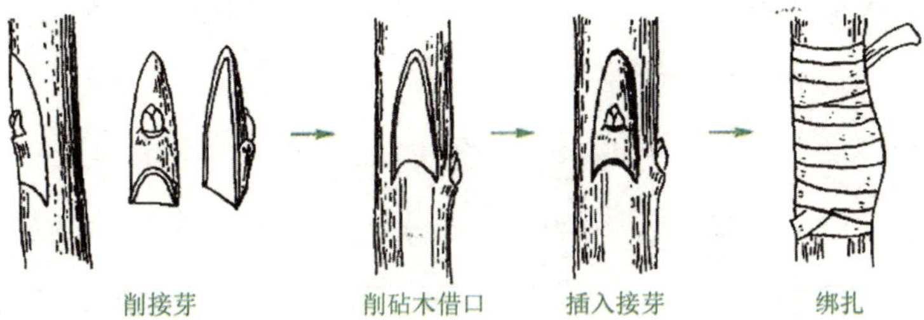

图 1-8 桃树嵌芽接法

桃树嫁接后的管理

（1）防晒保湿：为了避免接穗失水，嫁接后应采取遮阳措施，如搭棚、套纸袋或接穗涂蜡等。

（2）检查成活与补接：芽接 14 天左右、枝接 28 天左右即可检查成活情况。如果芽接接芽新鲜有光泽，叶柄一触即落，即表明成活。枝接接穗上芽萌发，即表明成活。

（3）解绑：芽接在一般成活后 2—3 周即可解绑。枝接成活后则应待成活的接穗与砧木伤口愈合后，方可解除绑扎物。

（4）剪砧：芽接成活后，第二年早春萌芽前，应在接芽上 0.6 cm 处将砧木剪掉，剪口向接芽背后微斜，剪口要平整，以利于剪口正常愈合。春季芽接者，分两次剪砧。第一次是在接芽发芽后，离接芽上方 3—4 片叶处剪去砧木梢。第二次是当接芽长成的新梢木质化后，再将嫁接部位上方 2—3 cm 处以 30° 角斜剪去全部砧桩，要求剪口光滑，不伤及接芽新梢，不能压裂砧木剪口。

（5）除萌蘖：剪砧后，砧木上会砧续萌生许多萌蘖，要及时除去，以免消耗养分和水分。除萌蘖应多次反复进行。

（6）圃内整形：当新梢超过定干高度而继续生长时，可进行摘心，促发侧枝。对整形带以下的芽也要随时抹除，以免消耗营养。

（7）其他管理：主要是灌水、施肥、松土、除草、防治病虫害等。

· 移栽

秋冬 11 月落叶后至次年春季 2 月桃树萌芽前均可以栽植桃树，以秋栽为宜，春季栽植宜早不宜迟。栽植流程一般为：确定栽植点、挖栽植穴→填土施肥灌水→栽植。

挖穴

以 4 m×4 m 为定值密度，确定栽植点，画圆挖掘，将挖出的表土和底土分别堆放在定植穴的两侧。一般要求深度在 80—100 cm，宽约为 100 ㎝。

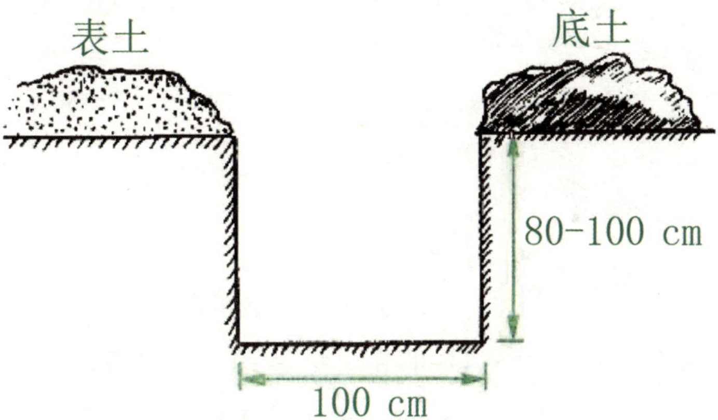

图 1-9 挖穴标准

回填表土与施肥

回填时先填表土，后填底土。回填通常有两种方式：一种是将基肥和土拌匀填回穴内；另一种是将基肥和土分层填入。一般每立方米穴需新鲜有机肥 40—50 kg 或干有机肥 20 kg、磷肥 1 kg、石灰 0.5 kg、枯饼 3 kg，或亩施优质农家肥 4000 kg。

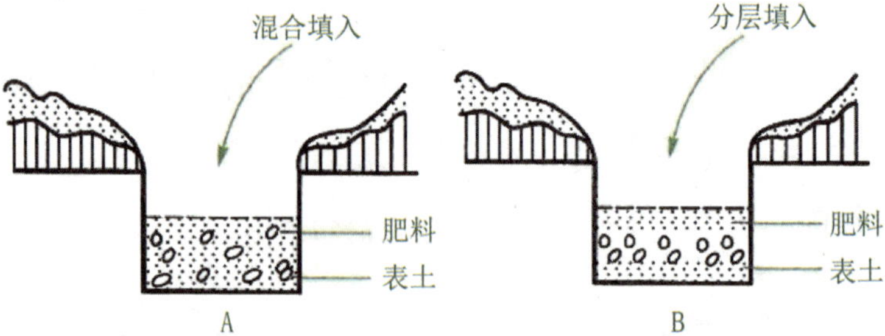

图 1-10 回填表土与施肥

放苗覆土

先在穴内垫一些表土，施入腐熟的农家肥，把树苗放入穴中央，填入 1/3 的表土把根系盖住，填好后将苗轻轻向上提一提，确保根系可以在土壤中舒展，再踩实土壤；最后填一层表土至茎与根的交界处，把土再踩实；浇水后再填一层土，至呈丘状。

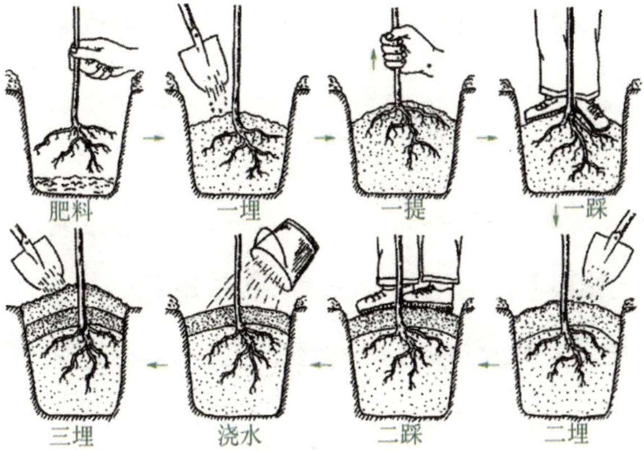

图 1-11 放苗覆土

任务三　桃树的肥水管理

给桃树施肥以基肥为主，基肥多为农家肥，在果实采收后的秋季施入为好。追肥以速效肥为主，在果树生长期施用。桃树耐旱怕涝，生长的前半期需要充足的水分，后半期则要控制供水，以利于桃树适时进入休眠期。

· 施肥

施基肥

8 月下旬至 9 月下旬施入基肥效果最好。以有机肥为主，氮、磷、钾全面配合，采用环状沟、条沟、放射状沟施肥或全园撒施，施肥深度为 30—50 cm。

追肥

花前追肥，在春季萌芽期施入；施肥种类以速效氮肥为主，适量配施磷肥。果实膨大和花芽分化期追肥，又叫壮果肥；肥料种类以硫酸钾为主，适量氮、磷肥配合施用。

根外追肥

在桃果实硬核和膨大期喷施 0.2%—0.5% 的磷酸二氢钾 2—3 次。

·排水、灌溉

排水

3—6 月正值雨季，应及时快速地排出积水，特别在采果前半个月禁止浇水或出现果园积水的现象。

灌溉

萌芽前期浇一次透水，7—8 月为高温干旱季节，此时果实迅速膨大，需要一定的水分供应才能满足正常生长。

任务四　桃树的整形、修剪

幼年树以培养骨干枝、扩大树冠为主，盛果期的桃树主要维持树势，调节营养生长和结果的矛盾，衰老树重剪、回缩，更新骨干枝和大型结果枝组。

· 整形

桃树树形较多，常采用的树形有自然开心形、二大主枝自然开心形。

自然开心形

该树形主干高 30—50 cm，无中心干，3 个主枝均匀分布，开张角度为 45°—60°，主枝间相距 10—15 cm，每个主枝上配备 2—3 个侧枝，主枝和侧枝上配置枝组。该树形整形容易、结构牢固、主次分明、光照良好，利于立体结果，产量较高。

具体整形方法如下：

定植后，留 50—80 cm 剪顶定干，整形带 20—30 cm。

第一年：萌芽后在整形带内选留 3 个生长健壮、方位角度分布比较均匀的新梢作为主枝，抹除整形带以下的新梢，其余新梢留 10 cm 摘心或扭梢作为辅养枝。冬季修剪时，主枝一般留 50 cm 左右在饱满芽处短剪，剪口芽留外芽。整个生长季内注意调节 3 个枝的生长平衡。

第二年：主枝延长枝照上年修剪向外延伸，每主枝距基部 40 cm 左右选配第一侧枝，注意伸展方向、调节生长平衡，冬季在饱满芽处短剪。

第三年：主枝延长枝和侧枝照上年修剪。每主枝隔 30—40 cm 选配第二、第三侧枝，侧枝向两侧交错着生。主枝和侧枝上的小枝尽量保留作为辅养枝，并可培养成结果枝组，提早结果。一般 3 年后树冠可基本形成。

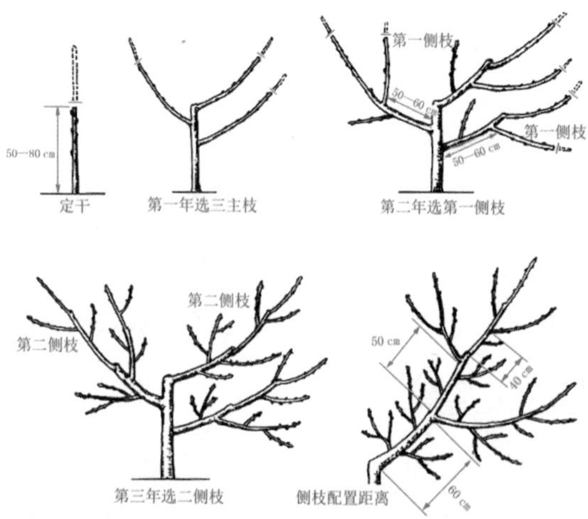

图 1-12 自然开心形整形过程

二大主枝自然开心形

两个主枝配置在相反的两个方向，每个主枝上选留2—3个侧枝，主枝、侧枝上配置枝组。该树形成形容易，主枝之间易于平衡，树冠不密闭，通风、透光性好，结果早，单位面积产量高，适于密植。

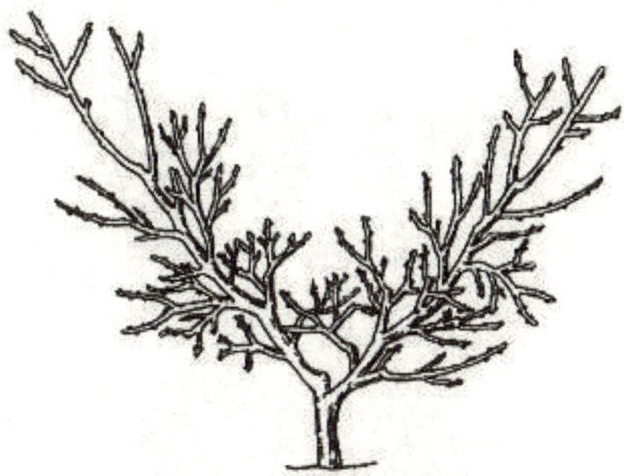

图 1-13 二大主枝自然开心形

其具体整形方法与自然开心形的整形方法大致相同。

· 修剪

冬季修剪

一般在秋季落叶后至翌春萌芽前进行。主要采取疏剪和短剪相结合的方法。

疏剪主要是疏除密生枝、细弱枝、重叠枝、病虫枝、枯枝及无利用价值的徒长枝。短剪是对长果枝留5—8对饱满花芽，长势强而粗壮的可适当长留；对中果枝留3—4对花芽；对短果枝和花束状短果枝不剪，过密的才疏除；对生长枝可留1—4对花芽，使其抽生枝梢转化为结果枝；对主枝和侧枝的延长枝一般剪除1/3左右。对果枝进行短剪时应注意剪口不要留单花芽。

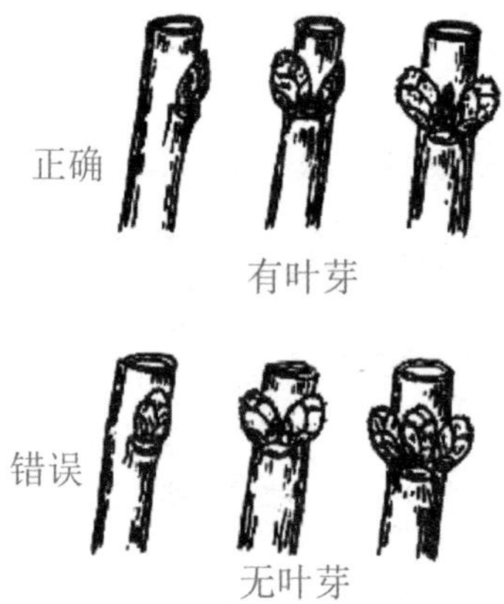

图1-14 剪口芽的留取

桃树结果部位易上移，修剪时必须重视结果枝组的更新。更新的方法有单枝更新和双枝更新两种。

单枝更新 将中、长果枝留2—4对花芽短截，使其基部抽生强壮枝梢，上部位任其结果。次年冬季仅留下部一枝，仍留2—4对花芽短剪，年年如此反复。

图 1-15 单枝更新

双枝更新 在同一基枝上靠近基部选留两个中、长果枝，上部果枝留花芽短剪，使其结果，下部一枝留2—3个充实的叶芽短剪，使其抽生健壮新梢，即预备枝。次年冬剪时将已结果的枝从基部疏除，预备枝按上年的方法进行修剪，如此每年反复进行。

图 1-16 双枝更新

枝组修剪时要注意果枝密度。以短果枝结果为主的品种，果枝剪口距不少于 10 cm；以中长枝结果为主的品种，果枝剪口距不少于 5 cm，小型枝组之间的距离以15—20 cm 为宜。

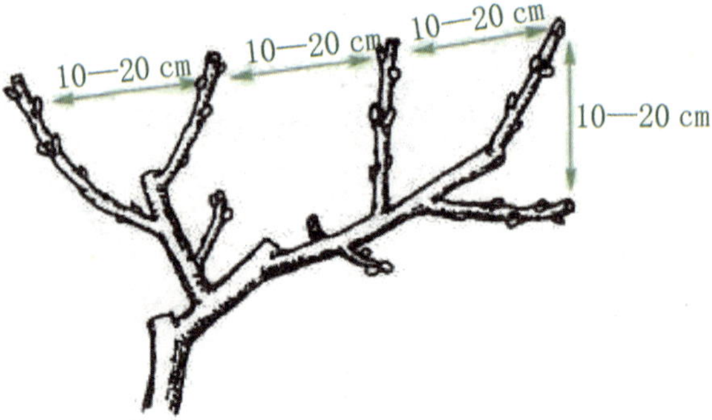

图 1-17 果树剪口距离

夏季修剪

夏剪与冬剪同样重要，特别是对幼树期的果树。夏剪一般每年进行 3—4 次。

第一次在 5 月上旬，以抹芽为主，当新梢长到 5—6 cm 时，抹去无用嫩梢，双梢留一个角度大的，抹掉角度小的。同时结合抹芽，调整主侧枝延长枝的方向和角度；缩剪未坐果的长果枝；骨干枝分枝基部 15 cm 内的萌芽及剪锯口处丛生新梢也需要及时抹掉。

第二次在 5 月下旬至 6 月上旬。主要任务是：新梢长达 40—50 cm 时疏密枝，控制长枝（徒长枝扭梢）；利用二次枝开张角度，剪除副梢延长枝以上的主梢。延长副梢以下的其他副梢摘心，促成枝组，如过密可以疏去；直立旺盛的副梢要摘心控制；过旺的主枝延长枝应剪梢，过于开张的则可用上芽副梢抬高角度。

图 1-18 控制长枝和徒长枝扭梢

第三次在 7 月上中旬。重点是处理结果枝，短剪和疏剪结合。一般果枝直径 0.8 cm 以上的，剪 1/4 或 1/5；果枝直径 0.8 cm 以下的，剪 1/3 或 1/4。此时正值雨季，树冠易密闭，因此对主枝太过旺盛的要继续疏剪梢；对内膛所有直立新梢进行剪顶或疏除；凡带副梢的枝条要进行摘心，除基部留 1—2 条外，其余留 20 cm 摘心，但对已形成顶芽停止生长的新梢不要摘心。

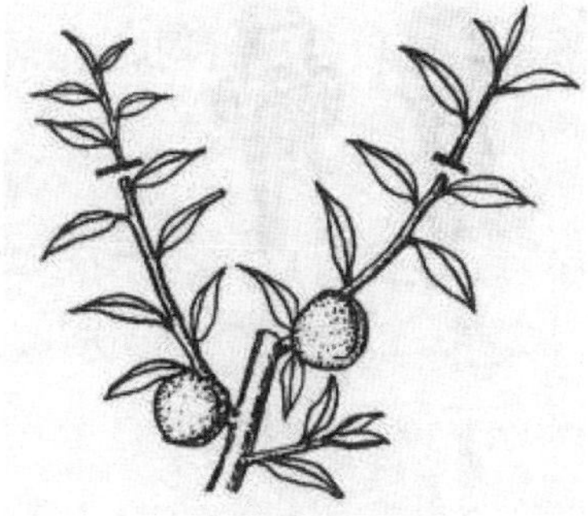

图 1-19 结果枝短剪

第四次在8月下旬至9月上旬，主要对未停止生长的各种枝条普遍进行一次打尖，把嫩梢剪去，可节省养分，促进枝条充实、花芽饱满。

任务五　桃树的花果管理

·保花保果

大多数桃树能自花结实，坐果率较高，但有些也会因各种原因导致落花落果过多而影响产量。桃树生理落果一般有3次。第一次在谢花后7—14天，主要原因是授粉受精不良或病虫为害、晚霜为害等。第二次在谢花后21—28天，此次落果较多，主要原因是受精不完全，胚的发育受阻，幼果缺乏所需激素或树体营养不足。第三次落果在硬核期前后发生，主要原因是受精胚中途停止发育，此次落果数量较少。针对落花落果的原因，可采取以下措施来保花保果。

加强土肥水管理，及时防治病虫害，减少秋季落叶，减少由于雌蕊退化、雌蕊发育不全而引起的落花落果。

配置授粉树必不可少，建园时注意配置授粉树，特别是元花粉或花粉败育品种，如砂子早生、霞晖1号等。

花期通过放蜜蜂进行人工辅助授粉，以提高坐果率。

利用化学药剂保花保果。在花前喷施 1%—2% 的硼砂或花期喷 0.3% 的硼砂，也可在花后喷 20 mg/L 的萘乙酸，坐果率可提高 10%；在开花期喷 20 mg/L 的 2,4-D，可提高 7% 的坐果率。

· 疏花疏果

桃树坐果率较高，合理的疏花疏果，既可以应对大小年，又是桃树优产、稳产、丰产的重要措施之一。疏花疏果应尽早进行，以节约养分。目前生产上一般在花蕾期进行疏花，第二次落果后进行疏果。疏果前先确定单株产量和单株留果数，再按留果量增加 5%—10%。

一般长果枝留 1—5 个果，大果型品种留 1—2 个、中果型品种留 2—3 个、小果型品种留 4—5 个；中果枝留 1—3 个，大果型品种留 1 个、中果型品种留 1—2 个、小果型品种留 2—3 个；对于短果枝，大果型品种每 2—3 个枝留 1 个果，中果型品种 1 个枝留 1 个果，小果型品种 1 个枝可留 1—2 个；对于花束状短果枝，粗壮的可留 1 个果，弱的则不留；骨干枝的延长枝及预备枝上均不留果。

也可以按距离来留果。小果型品种隔 5—7 cm 留 1 个果，大、中型品种隔 8—12 cm 留 1 个果，强枝、壮树、向阳面枝可适当多留。

留果量还可根据叶果比来确定。一般早熟和特早熟品种的叶果比为 20:1，中晚熟品种的叶果比为 30:1，还要根据果型大小进行增减。

任务六　桃树的病虫害防治

・病害

疮痂病

▶ 危害特点：主要危害果实，也危害枝梢。果实发病初期，果面出现暗绿色圆形斑点，逐渐扩大；果实成熟期，病斑呈暗紫或黑色，略凹陷，后表现为略凸起的黑色痣状斑点。严重时，病斑密集，随果实的膨大而出现龟裂。新梢被害后，病斑呈长圆形、浅褐色后变为暗褐色，并进一步扩大，病部隆起，常发生流胶现象。南方地区 5—6 月为疮痂病发病盛期；春季和初夏，果实近成熟，多雨潮湿，易发此病。

▶ 防治措施：

（1）冬剪时彻底剪除病梢，清除果园，减少病源，栽植密度合理，树形适宜，防止树冠交接，改善果园的通风透光条件，降低果园湿度。

（2）萌芽前喷五氯酚钠加 3—5 波美度石硫合剂，落花后半个月至 7 月份，间隔 10—15 天喷一次。选择药剂防治，如多菌灵、代森锌、百菌清、中生菌素、甲基硫菌灵、代森锰锌等，交替使用效果好。

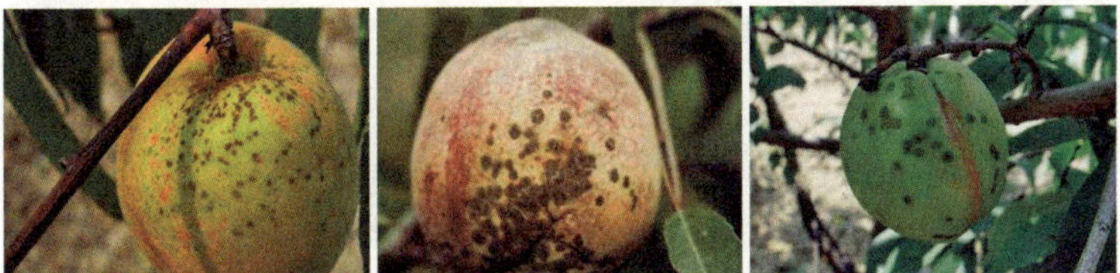

（a）　（b）　（c）

图 1-20 桃树疮痂病

细菌性穿孔病

▶ 危害特点：主要危害叶片，也危害果实和枝。叶片上会出现半透明水渍状的小斑点，逐渐变成紫褐色至黑褐色病斑，周围呈水渍状黄绿晕环。天气潮湿时，病斑背面会溢出白色的菌脓，随后病斑干枯脱落，形成穿孔。果面会出现暗紫色圆形中央微凹陷的病斑。空气湿度大时，病斑上有黄白色黏质；干燥时，病斑会有裂纹。细菌性穿孔病一般在5月上旬开始发生，6月梅雨期蔓延快。雨水频繁或多雾的时期，发病严重。

▶ 防治措施：

（1）提高抗病能力。选栽抗病桃树品种；开春后要注意开沟排水，降低空气湿度；增施有机肥和磷钾肥，避免偏施氮肥；改善通风、透光条件，促使树体生长健壮，提高抗病能力；做好修剪与清理，减少病菌。

（2）发芽前喷5波美度石硫合剂或波尔多液，以铲除越冬菌源。展叶后至发病前是防治的关键时期，可选用碱式硫酸铜、氧氯化铜、琥胶肥酸铜、乙酸铜等药剂。

图1-21 桃树细菌性穿孔病

褐斑穿孔病

▶ 危害特点：主要危害叶片，也会危害新梢和果实。低温多雨会提高褐斑穿孔病害的发生率。叶片染病初期，初生近圆形病斑，边缘为紫色，略带环纹。后期长出灰褐色霉状物，中部干枯脱落，形成穿孔，穿孔边缘整齐，穿孔多时叶片就会脱落。

▶ 防治措施：

（1）注意桃园排水，增施有机肥，合理修剪，增强通透性。

（2）落花后，发病初期喷代森锰锌、甲基硫菌灵、百菌清、苯醚甲环唑、吡唑醚菌酯、代森联等药剂。

图 1-22 桃树褐斑穿孔病

霉斑穿孔病

▶ 危害特点：叶片染病，病斑初期为圆形，呈紫色或紫红色，后变为褐色。病叶脱落后，会在叶上残存穿孔。枝干染病，有时会伴有裂纹和流胶现象，较老的枝上会形成瘤状物。

▶ 防治措施：

（1）加强管理。增强树势，提高树体的抵抗力。改良土壤，及时排水，合理修剪整形，及时清除病枝病叶等。

（2）药剂预防。在早春可喷洒甲基硫菌灵、代森锰锌、苯菌灵、异菌脲、丙森锌等药剂预防。

图 1-23 桃树霉斑穿孔病

炭疽病

▶ 危害特点：主要危害果实，幼果果面呈暗褐色，萎蔫硬化。果实膨大后，染病果面的病斑初呈淡褐色水渍状，后扩大变成红褐色，病斑凹陷，有明显的同心轮纹状皱纹。湿度大时，会产生橘红色黏质小粒点。最后，病果软腐脱落或形成僵果残留于枝上。新梢染病，病斑呈长椭圆形褐色凹陷，病梢侧向弯曲，严重时枯死。

▶ 防治措施：

（1）发病严重的地区，因地制宜选栽抗病品种；注意桃园排水，降低湿度，增施磷、钾肥；结合冬剪，彻底清除树上、树下病梢、枯死枝，僵果及地面落果集中烧毁或深埋；果园套袋时间要适当提早，以 5 月上旬前套完为宜。

（2）早春桃芽萌动前喷 1 次晶体石硫合剂或 5 波美度石硫合剂加 0.3%的五氯酚钠。落花后，喷百菌清，或代森锰锌，或甲基硫菌灵，隔 10 天喷 1 次，连续用药 2—3 次。

图 1-24 桃树炭疽病

褐腐病

▶ 危害特点：主要危害果实。花期低温、潮湿多雨易引起花腐。果实成熟期，温暖多雨雾，易引起果腐。表面伤口多的，会加重褐腐病害的发生。最初在果面产生褐色圆形病斑，如环境适宜，病斑在数日内便可扩及全果，果肉也随之变褐软腐。后来病斑表面会生出灰褐色绒状霉丛，常成同心轮纹状排列，病果腐烂后易脱落，但不少失水后变成僵果，悬挂枝上经久不落。新梢上会形成溃疡斑，长圆形，中央稍凹陷，灰褐色，边缘紫褐色，常发生流胶现象。

▶ 防治措施：

（1）结合修剪彻底清除僵果、病枝等越冬菌源，集中烧毁，同时深翻园地，将带病残体埋于地下。及时防治桃蛀螟、象甲、食心虫、蜡象等害虫。5月上中旬套袋保护果实。

（2）花前花后各喷1次苯菌灵，或于发芽前喷5波美度石硫合剂或晶体石硫合剂；落花后10天左右喷代森锌或甲基硫菌灵。

（3）发病初期和采收前3周喷多霉灵或苯菌灵，或甲基硫菌灵，或异菌脲。严重时可每15天喷1次药，采收前 3 周停喷。

图 1-25 桃树褐腐病

侵染性流胶病

▶ 危害特点：主要危害枝干，嫩枝刚染病时，皮孔上会出现疣状小凸起，当年不发生流胶现象，第二年 5 月上旬病斑开裂，溢出无色半透明状稀薄而有黏性的软胶。果实受害会分泌出黄色胶质物，病部硬化，有时会出现龟裂。一年中有两个发病高峰：一是 5 月上旬到 6 月上旬，二是 8 月上旬到 9 月上旬。

▶ 防治措施：

（1）加强肥水管理。注意科学管理增强树势，提高抗病性能。科学修剪。注意生长季节及时疏枝回缩，冬季修剪少疏枝，减少枝干伤口，注意疏花疏果，减少负载量。

（2）生长季节及时用药。每1—15天喷洒1次1200—1500倍70%的甲托，或30%的代森锰锌浮剂800倍，或1500倍50%的苯菌灵可湿性粉剂。注意以上药剂须交替使用。

（3）消毒。刮除病斑后，用200—300倍以上药剂涂抹病斑。

图1-26 桃树侵染性流胶病

非侵染性流胶病

▶ 危害特点：主干和主枝受害，流出的树胶与空气接触后，变为红褐色，呈胶冻状，干燥后变为红褐色坚硬胶块。病部易被腐生菌侵染，使皮层和木质部变褐腐烂，严重时枝干干枯或全部枯死。叶片变黄，变小。果实也会受害，会分泌出黄色胶质，病部硬化，严重时会出现龟裂。一般4—10月，雨季特别是长期干旱后偶降暴雨，流胶病比较严重。树龄大的，流胶病更严重。

▶ 防治措施：冬春时将树干涂白，防治冻害和日灼。春季时将主干上的萌芽及时掰除，防止修剪时造成伤口引起流胶。冬剪后，对大的伤口要及时涂抹杀菌剂。

图 1-27 桃树非侵染性流胶病

腐烂病

▶ 危害特点：主要危害主干和主枝，造成树皮腐烂，致使枝枯树死。初期病部皮层隆起，略带紫红色并流胶，后皮层变褐枯死，有酒糟味，表面会产生黑色凸起小粒点。当病斑扩展主干一周时，病树就会很快死亡。病斑多发生在靠近地面的主干上。早春至晚秋都可发生，4—

6月为腐烂病发病盛期。

▶ 防治措施：及时销毁清除病树、枯枝、虫枝。增施有机肥，及时防治造成早期落叶的病虫害。在生长期发现病斑可刮去病部，涂甲基硫菌灵、多菌灵、百菌清等药剂。

图 1-28 桃树腐烂病

缩叶病

▶ 危害特点：新梢受害，呈灰绿色或黄色，比正常的枝条短而粗，其上病叶丛生，受害严重的枝条会枯死。花和幼果受害，多数会脱落，故不易觉察。未脱落的病果，发育不均，有块状隆起斑，黄色至红褐色，果面常龟裂。这种畸形果实，不久也会脱落。一般在4月上旬展叶后开始发病，5月为发病盛期。冷凉潮湿的阴雨天气，会促使缩叶病的发生。

▶ 防治措施：对发病重、落叶多的桃园，要增施肥料，加强栽培管理，以促使树势恢复。喷药后，如有少数病叶出现，应及时摘除，集中烧毁，以减少第二年的菌源。在早春桃芽开始膨大但未展开时，喷射 5 波美度石硫合剂一次，这样连续喷药两三年，就可彻底根除桃树缩叶病。发病很重的桃园，可在当年桃树落叶后（11—12 月）喷 2%—3% 的硫酸铜一次，到第二年早春再喷 5 波美度石硫合剂一次，使防治效果更加稳定。早春萌芽期喷用的药剂，除 5 波美度石硫合剂外，也可喷用 1% 波尔多液。

图 1-29 桃树缩叶病

根癌病

▶ 危害特点：该病主要发生在根部，也发生在侧根和支根。根部被危害后形成癌瘤。患病的苗木会根系发育不良，根系很少，地上部分明显受抑制，植株矮小，结果很慢，严重时叶片黄化、早落。成年果树受害后，果实小，树龄缩短。

▶ 防治措施：

（1）选择无病土壤作苗圃。已发生根癌病的土壤或果园不可以作为育苗地；碱性土壤的园地应适当施用酸性肥料；发现病瘤应及时切除或刮除，并将刮切下的病皮带出果园烧毁，以防病原扩散。

（2）苗木定植前应对根进行仔细检查。剔除有病瘤苗木，然后用 0.3%—0.4% 的硫酸铜浸泡苗木根系 1 小时；在栽植前每平方米可施硫磺粉 50—100 g，或 5% 的福尔马林 60 g，或漂白粉 100—150 g。

（3）病瘤刮后的伤口。可用 100 倍的硫酸铜溶液或农用链霉素 400—500 mg/L，消毒后用 1:2:100 倍式波尔多液保护或抗癌菌剂 K84 的 5 倍混合液涂抹，然后用 100 倍硫酸铜溶液浇灌土壤。

花叶病

▶ 危害特点：花叶病主要通过嫁接传播，在同一果园，修剪、蚜虫、螨类等都可能传播。在病株周围20 cm范围内，花叶病相当普遍。果实染病后，生长缓慢，开花略晚，果实稍扁，微有苦味。叶片变黄，但不会变形，病部只呈现鲜黄色或乳白色杂色，或发生褪绿斑点和扩散形花叶。少数严重的病株，全树大部分叶片会黄化、卷叶，大枝出现溃疡。

▶ 防治措施：发现局部病株，及时清除销毁。加强管理，提高树体的抗病能力。及时防治树上的害虫。

木腐病

▶ 危害特点：主要危害桃树的枝干和心材，使心材腐朽，呈轮纹状。被害树树势衰弱，叶色发黄，早期落叶，严重时全树枯死。木腐病是老树上普遍发生的一种病害。

▶ 防治措施：减少树体伤口是预防木腐病的重要措施。

根结线虫病

▶ 危害特点：主要是根部形成根瘤，严重时地上部分叶片黄瘦，似缺肥状，长势差或极差。连作地发病重，连作期越长，发病越严重。

▶ 防治措施：忌重茬，实行轮作，与禾本科作物连茬一般发病轻。鸡粪、棉籽饼等对线虫有较强的抑制作用，碳铵、硫铵及未腐熟的树叶、草肥则对线虫有促进作用。使用抗线虫的药剂。

实腐病

▶ 危害特点：实腐病，也叫腐败病，主要危害果实。病斑多发生在桃果的顶尖或缝合线处。初发病时，果面先出现褐色水渍状斑点，继后病斑扩大，果肉腐烂，直达果心。后病斑失水干缩，但中央不皱缩，较周围隆起，似龟甲状。干缩的病斑中央污白色，边缘灰黑色，其上密生小粒点，为病菌的分生孢子器。受潮时，分生孢子器上产生白色的孢子角。病菌侵染枝干，造成枝干枯死或流胶。

▶ 防治措施：

（1）彻底清除僵果，剪除病枝，集中烧毁或深埋，减少越冬菌源。加强果园管理，改善果园的通风、透光条件，注意排水，及时防治害虫，减少伤口，减轻病害。

（2）发芽前喷 5 波美度石硫合剂，谢花后 10 天左右喷代森锰锌或菌苯灵，每隔两周喷一次，直至采前一个月停止喷药。发病初期喷多霉灵、甲基硫菌灵等药剂。

软腐病

▶ 危害特点：果实初出现褐色小斑点，后迅速扩大。2—3 天后，病果呈淡褐色软腐状，表面长出浓密的白色细绒毛。几天后，在绒毛丛中生出黑色小点，外观似黑霉。软腐病传染性较强，温度高、湿度大时病害发展很快，4—5 天后，病果即会全部腐烂。

▶ 防治措施：在采收、运输等过程中避免机械损伤。用苯菌灵、脱乙酰壳多糖和氯硝胺等药剂浸果有一定防治效果。

红叶病

▶ 危害特点：春季萌芽期，嫩叶红化，病叶背面呈红色，叶面呈粉红色，黄化或脉间失绿。发病重时叶片下边逐渐焦枯，形成不规则的穿孔。树冠外围上部、生长旺盛的直立枝和延长枝发病较重。果实成熟延迟，严重时果实出现果顶畸变，味淡。气温在 20℃以下时，易发红叶病。

▶ 防治措施：春季发芽后，喷 0.005%—0.01% 的增产灵 1—2 次，以减轻病情。剪除丧失结果的重病株，及时喷药防治蚜虫、叶蝉、红蜘蛛等害虫。

煤污病

▶ 危害特点：主要危害叶片，也危害树枝或果实。叶面初呈污褐色圆形或不规则形霉点，后形成煤烟状物，可布满叶、枝及果面，严重时几乎看不见绿色叶片及鲜美果实，到处布满黑色霉层；影响光合作用，致桃树提早落叶。主要以虫子传播为主，湿度大、通风透光差以及多刺吸式害虫的桃园发病重。

▶ 防治措施：提高桃园的通透性，雨后及时排水，防止湿气滞留，及时防治蚜虫、粉虱及介壳虫。零星发生时及时喷药，常用药剂有苯菌灵、多菌灵、多霉灵等，每隔 15 天左右防治 1 次，视病情防治 1—2 次。

根腐病

▶ 危害特点：叶片焦边枯萎，嫩叶死亡，新梢变褐枯死，根部木质坏死腐烂，严重时整株死亡。根腐病的发病高峰期在春季和秋季。急性症状：午后地上叶片突然失水干枯，病部仍保持绿色，4—5 天青叶破碎，似青枯状，凋萎枯死。慢性症状：初期叶片颜色变浅，逐渐变黄，后显褐色，干枯，有时呈水烫状下垂，一般出现在少量叶子上，严重时整株发病一段时间后萎蔫枯死。

▶ 防治措施：每年坚持用多菌灵灌施 1—2 次，预防病害。

裂果

▶ 危害特点：自果顶到果梗方向发生纵裂或在果顶部发生不规则裂纹。多发生在桃果成熟期。

▶ 防治措施：桃果裂开后没有补救措施，可采取一些栽培管理上的预防措施。选择不易裂果的品种，改善通风管理条件。施足磷肥、少施氮肥等。

缩果病

▶ 危害特点：缩果病是因缺硼引起的一种生理性病害。果实长到蚕豆大时就会表现出来，由暗绿色变为深绿色，并逐渐呈木栓化斑块而出现开裂，长成畸形果。叶片厚而畸形，新梢从上向下枯死，枯死部位下方长出侧枝，呈现丛状生长现象。

▶ 防治措施：缩果病主要是由缺硼引起的，防治上主要对病株进行补硼来缓解。

· 虫害

桃蛀螟

▶ 危害特点：主要是幼虫蛀食危害。蛀孔处会有黄褐色透明粘胶，周围堆积大量红褐色虫粪，果实易腐烂。

▶ 药剂防治：第一、二代成虫产卵高峰期和幼虫卵化期是防治的关键时期。可选药剂有灭多威、氯氰菊酯、氰戊菊酯、灭幼脲等。

桃小食心虫

▶ 危害特点：以幼虫蛀果危害为主。蛀果口常有流胶点，幼虫在果肉里为害，使幼果长成凹凸不平的畸形果。

▶ 防治措施：树盘覆盖地膜。成虫产卵期用灭幼脲、氟苯脲等。在卵孵化盛期可选高效氯氟氰菊酯、阿维菌素、甲氨基阿维菌素苯甲酸盐等。

桃蚜

▶ 危害特点：主要危害叶片。会使叶片扭卷成螺旋状，引起落叶，新梢不能生长，影响花芽的形成，削弱树势。

▶ 防治措施：早春桃芽萌发，越冬桃蚜卵孵化盛期至低龄幼虫发生期是防治的重点时期。可选用的药剂有啶虫脒、高效氟氯氰菊酯、抗蚜威、氯氟氰菊酯、吡虫啉、阿维菌素等。

桃球坚介壳虫

▶ 危害特点：在枝条上吸取寄主汁液。密度大时，可见枝条上介壳累累，使树体衰弱，产量受到严重影响，为害严重时枝干会死亡。

▶ 防治措施：在成虫产卵前，用抹布或戴上劳动布手套，将枝条上的雌虫介壳捋掉。吡丙醚＋植物油或噻嗪酮＋毒死蜱防治效果不错。

桃红颈天牛

▶ 危害特点：幼虫在树干蛀道越冬，在皮层下和木质部钻不规则隧道，并向蛀孔外排出大量红褐色粪便碎屑，堆满孔外和树干基部地面，使树势衰弱，寿命缩短。

▶ 防治措施：

（1）人工防治。及时清除被害死枝、死树，集中烧毁。在6—7月成虫发生期组织人员捕杀；幼虫发生期，经常检查枝干，发现排泄粪便寻虫孔用铁丝钩刺幼虫。

（2）涂白防虫。成虫产卵前，在主干和主枝上刷石灰硫磺合剂并加入适量的触杀性杀虫剂，硫磺、生石灰和水的比例为1:10:40。

（3）药剂防治。在成虫产卵期至幼虫卵化期选用硫双威、氯氟氰菊酯、虫酰肼、氟苯脲等药剂。

桃潜叶蛾

▶ 危害特点：主要在叶组织内食取叶肉，造成弯曲的隧道，并将粪粒充塞其中，造成早期落叶。

▶ 防治措施：蛹期和成虫羽化期是药剂防治的关键时期，可选甲氨基阿维菌素苯甲酸盐、氯氟氰菊酯、顺式氯氰菊酯、氟啶脲等药剂。

茶翅蝽

▶ 危害特点：主要吸食叶片和叶肉。果实被害后，会长成凹凸不平的畸形果。近成熟的果实被害后，受害处果肉变空，木栓化。

▶ 防治措施：结合其他管理措施，随时摘除卵块及捕杀初卵若虫，在第一代若虫发生期，结合其他害虫的防治，喷氯氟氰菊酯、高效氯氟氰菊酯、溴氰菊酯、氰戊菊酯、甲氰菊酯等药剂。

二斑叶螨

▶ 危害特点：幼螨、若螨、成螨群集在寄主叶背面取食。受害叶片初期叶脉两侧出现许多细小失绿斑点，随受害程度的加深，叶片失绿变严重，呈现灰色状并变脆变硬，引起落叶，严重影响树势。

▶ 防治措施：用阿维菌素、哒螨灵、杀螨特、四螨嗪等药剂。

项目二　李树的生产技术

※ 学习目标

- 了解李园的建设。
- 掌握李树的育苗、移栽、修剪、病虫害防治。
- 了解李树的肥水管理、花果管理。

※ 学习重点

- 李树的修剪及病虫害防治。

任务一　李园的建设

李园应选择符合主栽李树品种的生态习性、气候适宜、土层深厚、改土成本低、交通便利、水源充足、地下水位在 1.5 m 以下、无污染的丘陵或山地。根据建园目标，进行李园总体规划。

· 选择地址

开阔向阳，水利、交通条件好，有机质含量 1% 以上、土壤质地疏松肥沃、土层深厚、透气性好的山地、丘陵，选择远离污染源的地段。

·李园的规划

▶ 规划小区：以品种来划分小区。

▶ 规划道路：规划 6 m 左右宽贯穿李园的主路；4 m 左右宽的干路，连接小区和主路；2 m 左右宽的支路，为人行道。

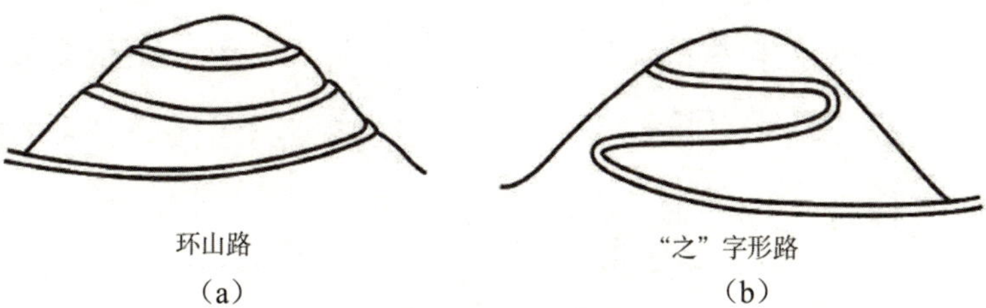

图 1-30 李园主路

▶ 排灌系统：规划蓄水池，园内过多的水能贮存在池子里。规划排水沟，连接各蓄水池，园内过多的水能及时通过排水沟排到园外。

▶ 辅助建筑物：根据需求和实际条件，规划工具房、住宿用房、贮藏室、加工厂、农机房、配药房、养蜂场、防风林等。观光型生活体验果园还要设计超市、餐厅、休憩间、娱乐室等配套设施。

任务二　李树的育苗、移栽

李树分有性繁殖和无性繁殖两种，在生产中以无性繁殖为主，有性繁殖主要为嫁接提供砧木苗。移栽有带土移栽和不带土移栽两种方式。

·育苗

实生苗

由种子繁殖获得的苗木称为实生苗。实生苗根系发达、适应性广、抗性强，便于大量繁殖，但实生苗后代变异性大，易发生变异。生产中实生苗主要用作嫁接苗的砧木。

营养繁殖苗

将李树的枝、芽作为繁殖材料，利用其再生能力培育果苗，利用营养繁殖获得的苗木称为营养繁殖苗。营养繁殖苗具有保持母本树优良性状和特性、早结果、早丰产的优点。李树育苗绝大部分是采用嫁接法。

图 1-31 李树嫁接苗

嫁接育苗

嫁接育苗是指将植物的枝或芽接到另一种植物的适当部位，使它们结合在一起，形成一个新的植株。李树枝接常在 9 月进行，芽接在 3 月底进行。接在上部的不具有根系的部分（枝和芽）称为“接穗”，位于下面承受接穗的、具有根系的部分称为“砧木”。

李树劈接 适用于较粗的砧木，并广泛用于果树高接换头。采集树冠外围中上部健壮充实、芽眼饱满、已木质化的当年生或一年生枝作接穗。

图 1-32 李树劈接法

李树切接 适用于根茎 1—2 cm 粗的砧木。

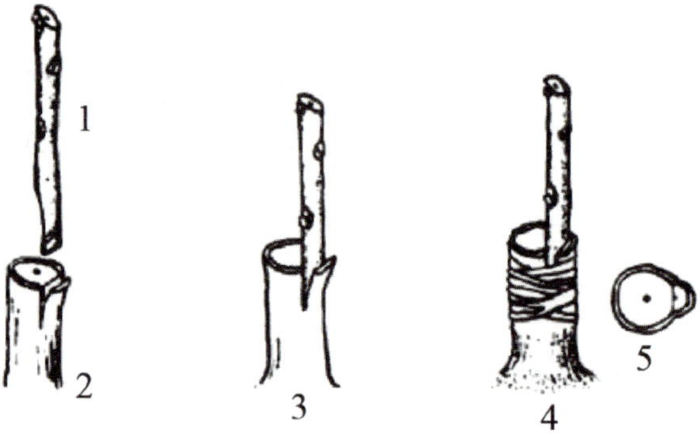

1.接穗 2.砧木 3.插接穗 4.绑缚 5.接穗和砧木对齐

图 1-33 李树切接法

李树嵌芽接 从接穗芽上方下削约 2 cm 取芽，要深入木质部，再从芽下方切入 0.6 cm，即可取下带木质部的芽片备用。

李树嫁接后的管理

（1）防晒保湿：为了避免接穗失水，嫁接后应采取遮阳措施，如搭棚、套纸袋或接穗涂蜡等。

（2）检查成活与补接：芽接13天左右、枝接26天左右即可检查成活。如果芽接接芽新鲜有光泽，叶柄一触即落，即表明成活。当枝接接穗上芽萌发，即表明成活。

（3）解绑：芽接成活后一般2—3周即可解绑。枝接成活后则应待成活的接穗与砧木伤口愈合后，再解除绑扎物。

（4）剪砧：芽接成活后，第二年早春萌芽前，应在接芽上0.6 cm处将砧木剪掉，剪口向接芽背后微斜，剪口要平整，以利于剪口正常愈合。春季芽接者，分两次剪砧。第一次是在接芽发芽后，离接芽上方3—4片叶处剪去砧木梢，第二次是当接芽长成的新梢木质化后，再将嫁接部位上方2—3 cm处以30°角斜剪去全部砧桩，要求剪口光滑，不伤及接芽新梢，不能压裂砧木剪口。

（5）除萌蘖：剪砧后，砧木上会砧续萌生许多萌蘖，要及时除去，以免消耗养分和水分。除萌蘖应多次反复进行。

（6）圃内整形：当新梢超过定干高度而继续生长时，

可进行摘心，促发侧枝。对整形带以下的芽也要随时抹除，以免消耗营养。

（7）其他管理：主要采取灌水、施肥、松土、除草、防治病虫害等常规措施。

·移栽

李树移栽有春栽和秋栽两个时期，习惯上多在 2 月中旬至 3 月底进行。如果是就近取苗，以落叶后定植为宜。远途运输的苗木如有失水现象，应在定植前浸水 12—24 小时，并对根系进行消毒，对伤根、劈根及过长根进行修剪。栽前根系蘸 1% 的磷酸二氢钾，利于发根。

挖穴

李树苗木定植在土层较厚、土壤肥力较高、气候温暖、管理条件较好的地区，株行距可适当稀些。因为在这种良好的生长环境下，单株生长发育比较茂盛，株间易过早郁闭，影响李果的品质。定植株行距可采用 3 m×4 m，而在山地或河滩地、肥力较差、干旱少雨的地区定植，可适当密植，株行距为 2 m×4 m，每亩栽 66 株，确定栽植点，画圆挖掘，将挖出的表土和底土分别堆放在定植穴的两侧。一般要求深度在 80—100 cm，宽 100 cm。

回填表土与施肥

回填时先填表土，后填底土。回填通常有两种方式：一种是将基肥和土拌匀填回穴内；另一种是将肥和土分层填入。一般每立方米需新鲜有机肥 40—50 kg 或干有机肥 20 kg、磷肥 1 kg、石灰 0.5 kg、枯饼 3 kg，或亩施优质农家肥 4000 kg。

放苗覆土

先在穴内垫一些表土，施入腐熟的农家肥，把树苗放入穴中央，嫁接口朝迎风方向，填入 1/3 的表土把根系盖住，填好后将苗轻轻向上提一提，确保根系可以在土壤中舒展，再踩实土壤。最后填一层表土至茎与根的交界处，把土再踩实。浇水后再培一层土，至呈丘状。

任务三　李树的肥水管理

李树施肥以基肥为主，基肥多为农家肥，在果实采收后的秋季施入为好。追肥以速效肥为主，在果树生长期施用。李树怕涝，故李园应完善排水系统。

·施肥

土壤管理

全园进行深翻40—60 cm，并增施有机肥或者挖定植沟或穴，沟宽或穴直径为80—100 cm，深为60—80 cm，距地表30 cm以下填入表土＋植物秸秆＋优质腐熟有机肥的混合物。

合理施肥浇水

要使李树早期丰产，必须加强对幼树的管理，使幼树整齐健壮。

（1）花前追肥。可在李树萌芽前10天（4月上旬），株施0.5—1 kg的速效氮肥或25 kg的腐熟人粪尿。

（2）花后追肥。应及时追施速效氮钾肥，以减少生理落果，在5月下旬至6月中旬株施0.5 kg。

（3）果实膨大期和花芽分化期追肥。在生理落果后至果实进入迅速膨大期前（6月下旬至8月中旬），追施速效氮、磷、钾复合肥，株施0.5—1 kg。

（4）果实生长后期追肥。在果实开始着色至采收期间追肥。此次以磷、钾肥为主，速效氮肥以叶面喷施为好，浓度为 0.2%—0.3%。

· 排水、灌溉

排水

李树怕涝，故雨水多时要及时排水。

灌溉

李树主要有 3 个灌水期，分别是萌芽开花前、新梢生长和果实膨大期、果实采摘之后的冬季。

（1）萌芽开花前是植物最需水分的时候，所以就需要及时灌溉。如果在这个时候植株所需水分没能及时得到补充，将会直接影响李树的萌芽、开花、成长各个阶段，最终也不能长出好吃的果子。

（2）新梢生长和果实膨大期是李树生长最旺盛的时候，也是最需水分的时候，所以在花期结束并完全谢花之后、生理落果前进行灌水是最好的时候。果实迅速膨大期正是多雨季节，这个时候气温普遍偏高，如果降水适宜，可不用灌溉；如果遭遇旱季，则要及时进行灌溉，给果树充足的水分，避免影响果实的发育。

（3）入冬前灌一次封冻水。

任务四　李树的整形、修剪

李树的树形通常有自然开心形、疏散分层形、“Y”字形。

图 1-34 自然开心形

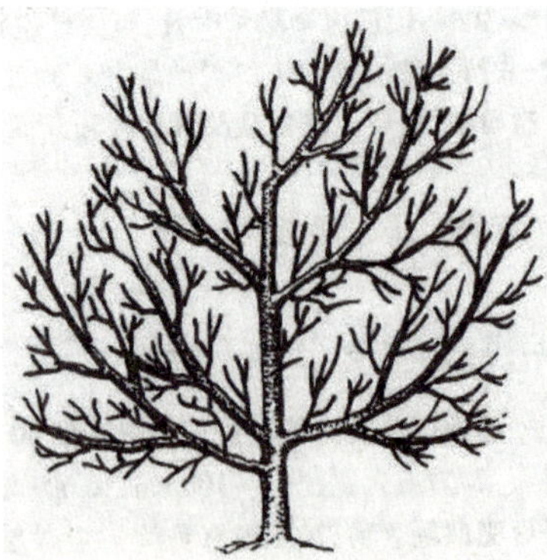

图 1-35 疏散分层形

图 1-36“Y”字形

· 整形

自然开心形

留 50—60 cm 定干，主干上留 3 个主枝，相距 10—15 cm，以 120° 平面夹角配置，主枝与主干的夹角为 40°—45°。每个主枝上配置 2—3 个侧枝，侧枝留的距离及数量根据植株行距的大小而定。在主侧枝上配置大、中、小型结果枝组。整形过程如下。

第一年：苗木定植后，在春梢萌芽前留 60—70 cm 短截定干，剪口芽以下 20 cm 为整形带，整形带内选择 3 个生长势强、分布均匀、相距 10 cm 左右的新梢作为主枝培养，其余新梢除少数作辅养枝外，全部抹去。整形带以下即为主干，在主干上萌发的枝、芽应及时抹除，保持主干有 30—35 cm 的高度。在夏季新梢尚未完全硬化之前，采用拉枝技术，将新梢的角度拉开，使主枝与主干角度呈 40°—45°。要防止将枝拉成弯弓状，否则弯曲突出部位易出现强旺枝，扰乱树形。

第二年：春季发芽前短截主枝先端衰弱部分剪去 1/4 或 1/5，大树冠留长 50—60 cm，小树冠留长 30—40 cm。如果主枝的着生角度较小，过于直立，则剪口芽选用外芽或采取拉枝技术以加大主枝的开张角度。在各主枝的中部选留 2—3 个向外斜向生长的分枝作侧枝，进行中度短截，剪去 1/3。各主枝上萌发的结果枝、花束状果枝全部保留，10 cm 以上的中长枝条，可稍重短截，促其萌发分生发育枝和结果枝。

第三年：继续培养主枝和副主枝，将主枝的延长枝适度剪截，即剪去 1/4 或 1/5；侧枝剪去 1/3 的先端衰弱部分。剪口芽留外芽，促发枝梢，继续扩大生长，形成树冠。主枝、侧枝上萌发的短果枝和花束状果枝全部保留；有竞争枝、徒长枝的可采用绑枝法、拉枝法改变方向，缓放结果；树冠内的强旺枝条，无缓放空间者可疏除；其余枝条只要不重叠、不交叉，一律缓放，结果后回缩培养成结果枝组。主枝要保持斜直生长，以维持生长强势。陆续在各主枝上相距 30—40 cm 选留 2—3 个副主枝，方向相互错开，并与主干呈 60°—70°。在主枝、副主枝上保留短果枝和花束状果

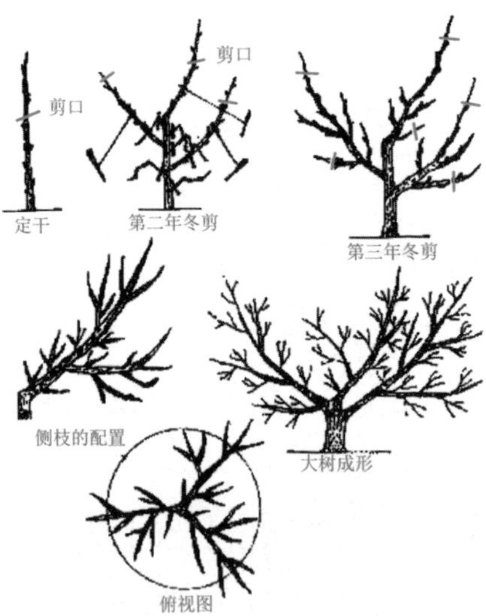

图 1-37 自然开心形整形过程

枝，使其结果。

疏散分层形

主干高度为30—40 cm，中心干主枝为5—7个，稀疏地排列在中心干上。第一层主枝数3个，第二层主枝数2个，第三层主枝数1—2个。通常2—3层，盛果后期留2层，对中心主干上的第三层主枝疏去后，称为疏散二层式。第一层主枝基角为50°—60°。间距为20—30 cm，分布均匀，方位角约呈120°。第二、第三层主枝基角略小些，为45°—50°，俯视下，第二、第三层主枝正好插入第一层的3个主枝之间。第二层主枝间距为10—20 cm，与第一层间距为50—60 cm。第一层主枝上配副主枝2—3个，第二、第三层主枝上配副主枝1—2个，各主枝上副主枝间距为30—40 cm，方向相互错开，副主枝与主枝之间的水平夹角为45° 。整形过程如下。

第一年：苗木定植后，在春梢萌发前留70—80 cm短截定干。剪口下选留三个生长势强、分布均匀、错落着生的新梢作为第一层主枝培养。主枝间距20—30 cm，干高为30—40 cm，中心留1个直立枝，以后逐年培养成中心领导枝。其余枝条全部剪除或拉平，缓和生长势，培养成结果枝，促其早结果。冬剪时，对主枝和中心领导枝要轻度短截，一般可剪去枝长的1/4—1/3。作为主枝的3个枝条如生长过旺、过于直立时，可在6—7月采取拉枝技术，使主枝基角为5°—60°，方位角约呈120°。

第二年：在中心领导枝上留2个主枝作为第二层，间距为10—20 cm，这层主枝与第一层主枝之间的层间距保持50—60 cm。第二层主枝要与第一层主枝错开方向，不要重叠，以免遮光。同时，在第二层的每个主枝上选留背斜侧枝2—3个，作为副主枝培养，副主枝间距为30—40 cm，方向相互错开，副主枝与主枝之间的水平夹角为45°。冬剪时，对各主枝的延长枝做轻度短截，即剪去枝梢先端衰弱部分的1/4—1/3。

第三年：在中心领导枝上再留1—2个主枝，作为第三层，这层距第二层主枝50—60 cm。同时，在第二层主枝上选1—2个背斜侧枝，作为副主枝培养。第三层主枝一般不留侧枝。其余枝条，则短枝保留，中枝重剪，培养成结果枝组。对短果枝和花束状果枝一律保留，让其结果，过旺的徒长枝可早摘心，促发分枝培养枝组或从基部疏除。第二、第三层主枝基角较第一层主枝要小些，为40°—50°。俯视下，第二、第三层主枝正好插入第一层3个主枝之间。当各个主枝培养成后，可从最后一个主枝以上把中心领导枝锯除，使树冠落头开心，成形树的高度约为3.5 m。以后修剪时，应该注意保持各级枝的从属关系，使树势均衡发展。

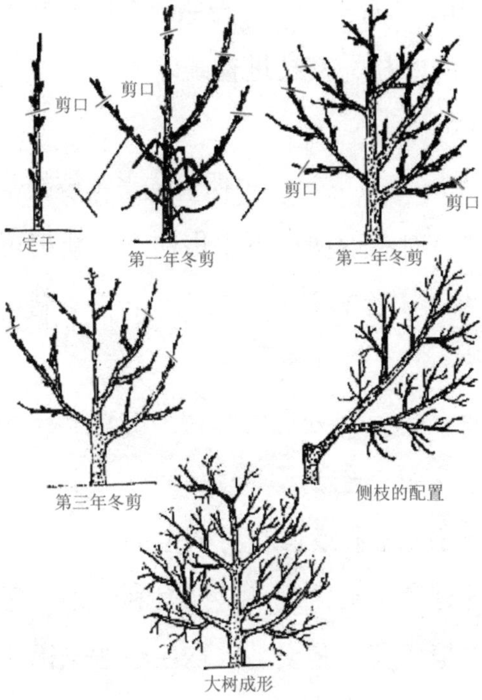

图 1-38 疏散分层形整形过程

·修剪

对幼龄树的修剪：以自然开心形为例，李树幼龄期萌芽力和成枝力均较强，长势很旺，如要达到多出短果枝和花束状果枝的目的，必须轻剪甩放，减少短剪，适当疏枝，有利于树势缓和。李树幼龄期要加强夏剪，一般可以随时进行，但应重点做好以下几次修剪。

4 月下旬—5 月上旬：对枝头较多的旺枝适当进行疏除，对背上的旺枝、密枝进行疏除，削弱顶端优势，促进下部多发短枝。

5 月下旬—6 月上旬：对骨干枝需发枝的部位可短截以促发分枝，对冬剪剪口下生出的过多新梢可疏除，枝头保持约 60°。其余枝条角度要大于枝头。背上枝可去除或捋平利用。

7—8 月：重点是处理内膛背上的直立枝和枝头过密枝，以促进通风、透光。

9 月下旬：对未停长的新梢全部摘心，促进枝条充分成熟，既有利于安全越冬，又有利于第二年芽的萌发生长。无论是冬剪还是夏剪，均应注意平衡树势。对强旺枝重截后疏除多余枝，并压低枝角；对弱枝则轻剪长留，抬高枝角，可逐渐使枝势平衡。

对成龄树的修剪：当李树大量结果后，树势趋于缓和且较稳定，修剪的目的是调整生长与结果的相对平衡，维持盛果期的年限。在修剪上，对初进入盛果期的树应该以疏剪为主，短截为辅，适当回缩。在保持结果正常的条件下，要保证每年有一定量的壮枝新梢，只有这样才能保持树势，也才能保证每年有年轻的花束状果枝形成，保持旺盛的结果能力。

对衰老树的修剪：李树树势明显减弱、结果量明显降低时，表明树已衰老。此时修剪的目的是恢复树势，维持产量。修剪以冬剪为主，促进更新。在加强地下肥水的基础上，适当重截，去弱留强，对弱枝头及时回缩更新，促进复壮。

任务五　李树的花果管理

·保花保果

中国李的栽培品种多自交不亲和，且有异交不亲和现象。因此，虽然李树常常开花很多，但落花落果较严重，一般有三个高峰期。第一次自开花完成后开始，由花器发育不全、失去受精能力或未受精造成。据调查，朱砂李花疏败育率达 92.3%。第二次从开花后 14—28 天开始，果实似大米粒大小时幼果和果梗变黄脱落，主要是由授粉受精不良造成，授粉树不足、缺少传粉昆虫、花期低温、花粉管不能正常伸长等都会造成授粉受精不良。第三次是在第二次落果后 3 周左右开始，主要是因为营养供应不足，胚发育中途停止或死亡造成落果。因此要获得丰产稳产，需进行保花保果，坐果后还要根据坐果的多少进行疏果。

主要措施有：

- 加强采后管理。采后合理施肥、修剪及保护好叶片，对花芽分化充实有重要作用，可减少下年落花落果。
- 人工授粉。这是提高坐果率最有效的措施，注意采集花粉要从亲和力强的品种树上采。在缺乏授粉树时必须人工授粉，即使不缺授粉树，但遇上阴雨或低温等不良天气时，传粉昆虫活动较少，也应人工辅助授粉。人工授粉最有效的办法是人工点授，但这种办法费工较多；也可采用人工抖粉，即在花粉中掺入 5 倍左右的滑石粉等填充物，装入多层纱布口袋中，在李树花上部慢慢抖动。
- 花期喷硼。花期喷 0.1%—0.2% 的硼酸 +0.1% 的尿素也可促进花粉管的伸长，促进坐果。另外，用 0.2% 的硼砂 +0.2% 的磷酸二氢钾 +30 mg/kg 的防落素也有利于坐果。
- 喷施营养液。在盛花期树冠喷施营养液，如氨基酸、倍力钙、氨基酸钙等，具有良好的保果效果。
- 放蜂。花前 7 天左右在李园每一公顷放一箱蜜蜂，可明显提高坐果率。

▶ 花前回缩及疏枝。对树势较弱的树，对其拖拉较长的果枝进行回缩，并疏去过密的细弱枝。这样一可集中养分，加强通风、透光；二可疏去一部分花，减少营养消耗，有利于提高坐果率且增大果个。

· 疏花疏果

疏果能适当增大果实，提高商品价值，还可保证连年丰产稳产，因此李树在坐果较好时必须进行疏果。疏果量应根据品种特性、果个大小、肥水条件等综合因素加以考虑。对坐果率高的品种，应早疏，并一次性定果。如晚红李，只要授粉品种配置合理，坐果率极高，且不易落果，它必须疏果，否则果实偏小。根据生产实践，晚红李的疏果应根据不同枝类确定，留果距离应有所区别。对背上强旺的1—2年生花束状枝可7—10 cm留一个果，对平斜的较壮花束状枝可10—15 cm留一个果，而对下垂的细弱枝则应15—20 cm留一个果，甚至不留果，待枝势转强时再留果。对果实大的品种应留稀些，反之留密一些。对肥水条件好、树势强健的树可适当多留果，而对肥水条件差、树势又弱的树少留果。

任务六　李树的病虫害管理

目前，李树的病害主要有细菌性穿孔病、黑斑病、根瘤病、李子红点病、褐腐病、李子流胶病等；虫害主要有李小食心虫、桑白蚧、蚜虫、李实蜂、红蜘蛛、黄刺蛾等。

·病害

细菌性穿孔病

▶ 症状：叶片感病后，叶背面靠叶肪处出现许多水渍状小圆斑，叶面也会很快出现同样的斑点。病斑逐渐扩大，呈近圆形或不规则形，呈褐色或红褐色，直径一般 2 mm 左右，周围有黄绿色晕环，病斑干枯后，周围出现一圈裂纹，只有很少部分与叶肉相连，极易脱落形成穿孔。

▶ 防治方法：剪除病枝，集中烧毁。选择优良抗病品种。加强土、肥、水的管理，增强树势。发芽前喷 3—5 波美度石硫合剂。6 月下旬喷 65% 的代森锌 300—500 倍或多菌灵 300 倍液。

黑斑病

▶ 症状：枝、叶、果实均会受害，以叶为重。枝条多以皮孔为中心形成褐紫色近圆形病斑。叶片受害初期，表面出现水渍状边缘清晰的圆形小斑，不断扩大成褐色或紫褐色，后呈暗褐色，最后干枯形成穿孔。果实受害初期为灰色水渍状病斑，扩大后呈暗紫色，干枯后常有龟裂。

▶ 防治方法：选择无病苗木栽植，冬剪时剪除病害枝梢并烧毁。发芽前喷 120 倍等量式波尔多液或 5 波美度石硫合剂。

根瘤病

▶ 症状：瘤发生于树体的根、根颈和茎等部位，其中尤以从根颈长出的大根最为典型。光滑的嫩瘤增长很快，逐渐变硬并木质化，表面不规则。

▶ 防治方法：苗木栽植时应选用健壮苗木，控制病害传入果园。播种前用次氯酸钠（含 5% 有效氯成分）处理种子。经过层积处理的种子，最好在种子开裂后到露白期间播完。用细菌素（含有二甲苯酚和甲酚的碳氢化合物）处理瘤有良好效果，可以在二年生以内的植株上使用。用放射土壤杆菌 84 株系处理植株根系。

李子红点病

▶ 症状：叶受害初期，叶面生橙黄色近圆形病斑，稍隆起，边缘清晰。随着病斑的扩展，颜色逐渐加深，病部叶肉增厚，并于其上产生许多深红色小点粒。秋末，病叶转成红黑色，正面凹陷，背面凸出，使叶片卷曲，并露出黑色小点。果实受害时，呈橙红色圆形病斑，稍隆起，边缘不清晰，最后呈红黑色。

▶ 防治方法：彻底清除病叶、病果，并集中烧毁或深埋。开花末期及叶芽开放时喷 200 倍石灰倍量式波尔多液（硫酸铜 250 g、石灰 500 g、水 50 kg）或喷 1:2:200 的波尔多液。注意排水，中耕，避免果园湿度过高。

褐腐病

▶ 症状：幼果发病初，呈现黑色小斑点，后来病斑木栓化，表面龟裂，严重时病果变褐、腐烂，最后成僵果。花感病后萎凋、变褐，最后变干。染病枝条多于病花附近组织出现病斑，病斑以病花为中心，呈椭圆形扩大，赤褐色，后期凹陷。

▶ 防治方法：注意果园的卫生，彻底清除病果、病枝以及地面的落果、枝条。做好虫害防治，减少果实伤口。李树萌芽前喷布 80% 的五氯酚钠 200—300 倍液＋3—5 波美度石硫合剂。落花后 10 天至采收前 20 天喷布 70% 的甲基托布津 800—1000 倍液，或 25% 的多菌灵 250—300 倍液。在花腐多的地方，可于初花期再喷 1 次药。

李子流胶病

▶ 症状：枝条在受外力作用或虫害危害后，树液从伤口处流出，凝聚成透明胶体。受害枝条生长衰弱，严重时整枝死亡。

▶ 防治方法：应以增强树势为中心，加强果园排水，增施有机肥，提高树体的抗病能力。及时防治枝干病虫害，减少病虫伤。刮除流胶部位，然后涂抹 5 波美度石硫合剂，最后涂白铅油保护剂。

· 虫害

李小食心虫

防治方法：秋季或春季翻树盘，破坏幼虫越冬场所，减少越冬虫害。在李小食心虫幼孵化盛期用 5% 的来福灵乳油 2000—4000 倍液或 40% 的三唑磷乳油 1000 倍液喷雾防治。

桑白蚧

防治方法：春季发芽前喷5%的机油乳剂或5波美度石硫合剂，或含油量为3%的柴油乳剂加0.1%的二硝基酚，或含油量为5%的柴油乳剂。第一、二代若虫孵化盛期，隔5—6天喷2次0.3波美度石硫合剂。

蚜虫

防治方法：在春季受害叶片未卷叶以前喷洒2.5%的功夫乳油4000倍液或40%的乐果乳剂2000倍液。生长季用7份40%的乐果乳剂原液加3份水，用毛刷将药液涂在主干周围，约6 cm宽，并用纸条包扎好。

李实蜂

防治方法：成虫发生期喷50%的杀螟松乳剂1000倍液，或40%的水胺硫磷1000倍液或20%的灭扫利3000倍液。幼虫出土前，地面喷洒50%的辛硫磷乳剂1000倍液或40%的甲基异柳磷1000倍液。

红蜘蛛

防治方法：盛花后叶面喷 40% 的三氯杀螨醇 1000 倍液，或 50% 的硫磺胶悬剂 300 倍液，或 25% 的螨死净 500 倍液，或 40% 的水胺硫磷 1500 倍液。

黄刺蛾

防治方法：冬季结合修剪，剪除越冬虫茧。幼虫发生期，喷洒青虫菌 800 倍液，或 50% 的速灭杀丁乳剂 3000 倍液。

项目三　柑橘的生产技术

※ 学习目标

▶ 了解柑橘园的建设。

▶ 掌握柑橘树的育苗、移栽、定干、修剪、病虫害防治。

▶ 了解柑橘树的施肥、花果管理。

※ 学习重点

▶ 柑橘树的修剪及病虫害防治。

任务一　柑橘园地址选择

柑橘春梢发芽要求日平均气温在 12℃，开花期以日均温在 17℃为宜，生长的最适温度为 24—28℃。所以在贵州省的东南各县，如罗甸、望谟、从江、榕江等及黔中、黔北地区的河谷地段均可栽种柑橘。在选地时，最好选土层深厚、无风害的山地，交通方便、小山围绕的山坡地、谷地。

任务二　柑橘园地的开垦

柑橘园规划包括种植带（梯带）、道路、排灌系统、辅助建筑物。

▶ 种植带：种植带是柑橘园的基本单位。根据贵州“地无三里平”的地理特点，在开垦种植带时要考虑水土流失的问题。种植带应外高内低，依山而建。

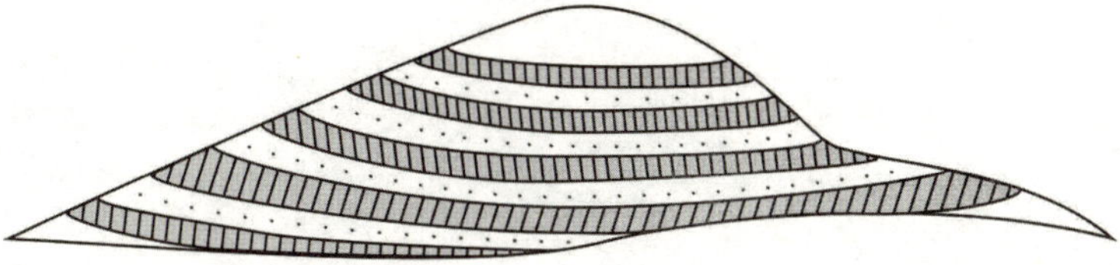

图 1-39 种植带

▶ 道路：道路的规划要有主干路、支路、人行道之分。

主干路：设计在贯穿全柑橘园的合适位置，山地主干路可呈“之”字形，宽 5—7 m，道路转弯处半径不小于 10 m。

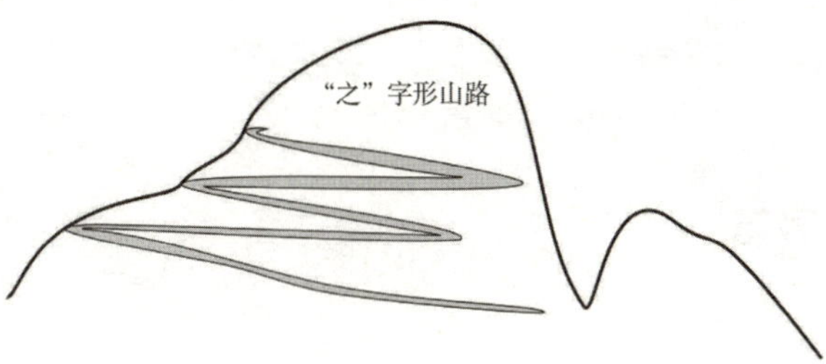

图 1-40 果园主干路

支路：宽 2.5—3 m，连接主干路、种植带和上下主干路，靠山一边有主排水沟及肥料池。

人行道：宽 15—25 cm，连接主干路和种植带。

▶ 排灌系统：柑橘园的排灌系统包括蓄水池、灌溉水沟和排水沟。灌溉水源可从山塘、水库、河流中提取或通过天降雨水收集。灌溉方法有喷灌、滴灌、地面水沟灌三大类。排水沟分为种植带的背沟、侧沟和主沟。

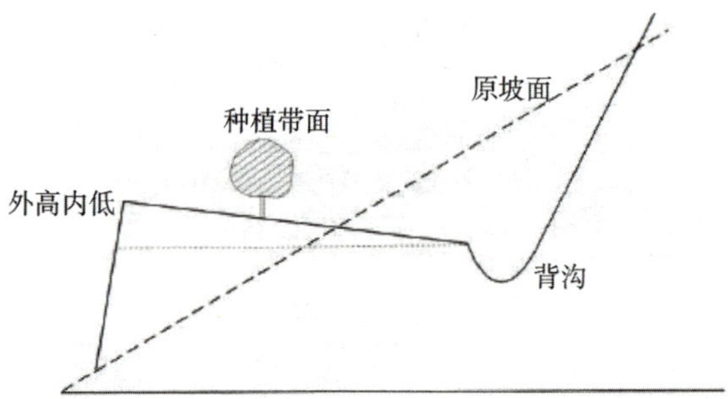

图 1-41 梯带截面图

▶ 辅助建筑物：有看管人员生活居住的房屋、临时仓库、劳动工具房、肥料存放室等。

任务三 柑橘树的育苗、移栽

· 育苗

柑橘树主要采用嫁接繁殖的方法育苗。

砧木育苗

柑橘的砧木采用枳壳。首先是种子采集，应在果实充分成熟时采集。其次是播种，枳壳嫩子播种可于 8 月进行。在播种前苗圃地要施足基肥，充分犁耙，使土肥混合。整畦时畦上再施腐熟水肥，均匀播种。用沙壤土盖种，厚度 1.5 cm 为宜。再用稻草覆盖保湿。在种子出土后应及时揭除稻草，结合除草和浇水，疏去劣苗、挤苗，每月需施 2—3 次肥。最后是移栽，株距为 5—10 cm。

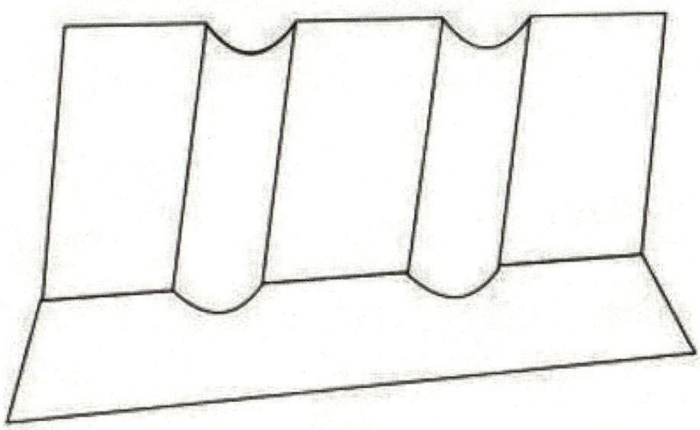

图 1-42 苗床示意图

嫁接育苗

一般要求用粗度在 0.7 cm 以上的砧木苗的进行嫁接。

·移栽

确定栽植点

在种植带上顺着走向用标有株距的测绳逐个定点，并用石灰标记。

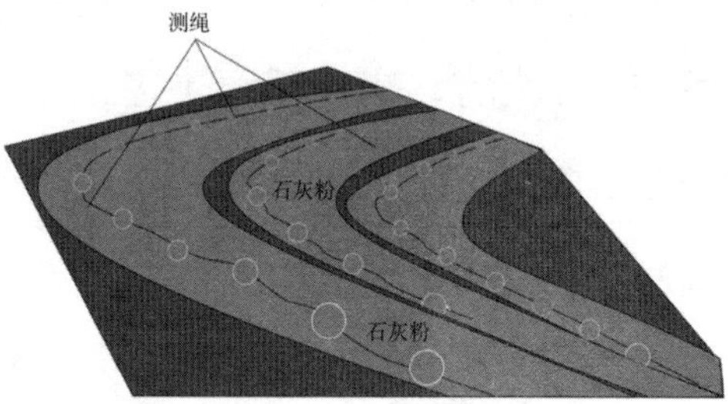

图 1-43 苗木定点示意图

挖栽植穴

在种植带上按株距 2.5 m 挖宽 100 cm、高 50—100 cm 的穴。将表土与底土分别堆放。

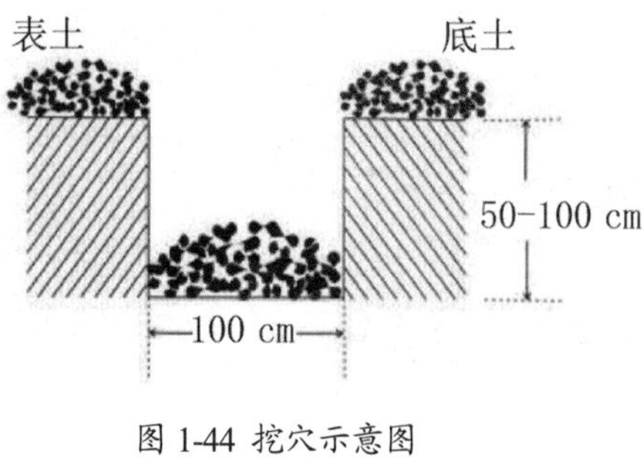

图 1-44 挖穴示意图

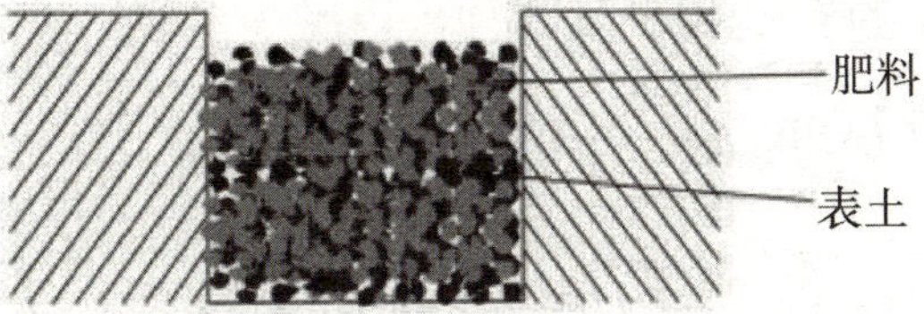

图 1-45 穴内土肥混合示意图

柑橘苗栽植

技术要点为“三埋、二踩、一提苗”。

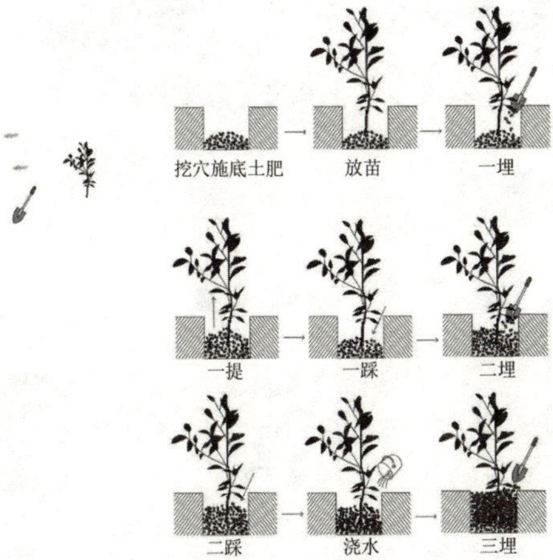

图 1-46 柑橘栽培示意图

任务四 柑橘树的定干

定干

柑橘树定植后在整形带内留足饱满芽，及时剪去生长不充实的新梢和少量叶片，以减少蒸发。剪时注意剪口离芽约 1 cm。

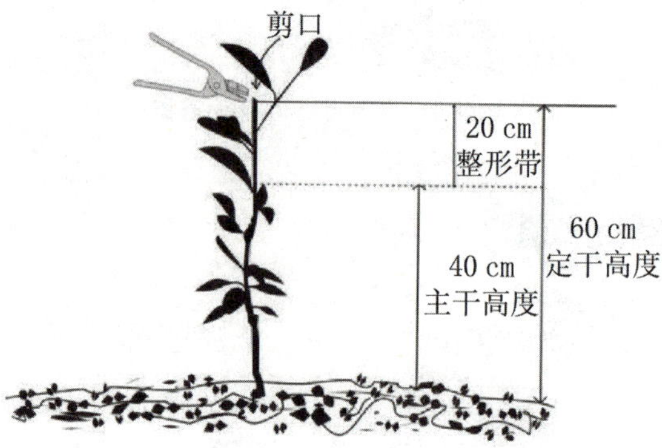

图 1-47 柑橘定干高度示意图

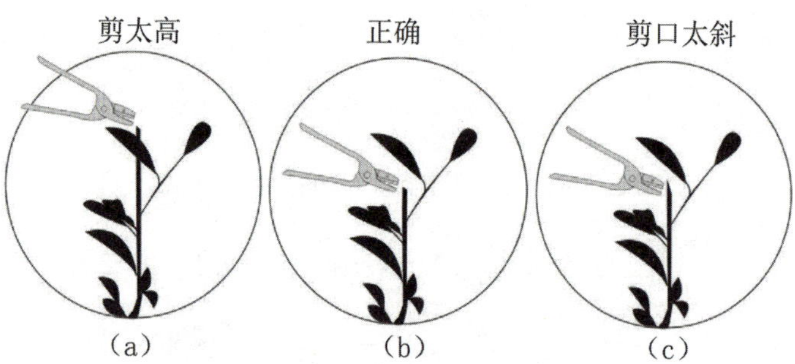

图 1-48 柑橘定干位置示意图

检查成活

发现未成活的苗木要及时拔去，并及时补栽。苗木成活后，应及时将砧木上发出的萌蘖及整形带以下的萌芽全部抹掉。

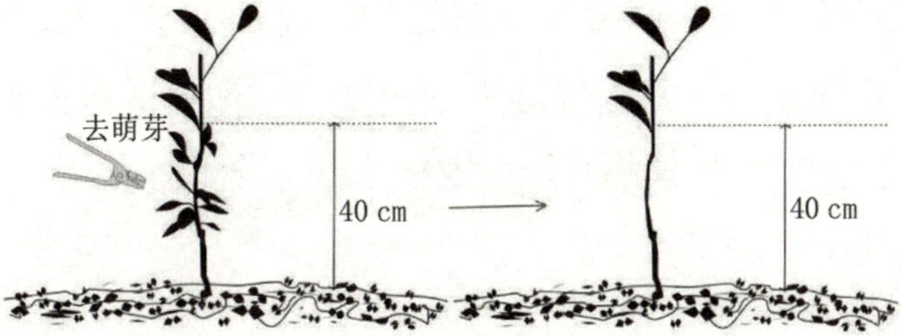

图 1-49 检查存活抹芽示意图

任务五 柑橘的肥水管理

· 幼年树的管理

间作绿肥

在柑橘园间作绿肥是实现以园养园的途径。

图 1-50 间作绿肥示意图

深翻扩穴

可大大增加柑橘须根的生长。结合深施绿肥、饼肥、圈肥等有机肥，可改良土壤结构，改善土壤中水、肥、气、热等条件，从而提高土壤的肥力，使柑橘根系生长良好，更利于柑橘的开花结果。

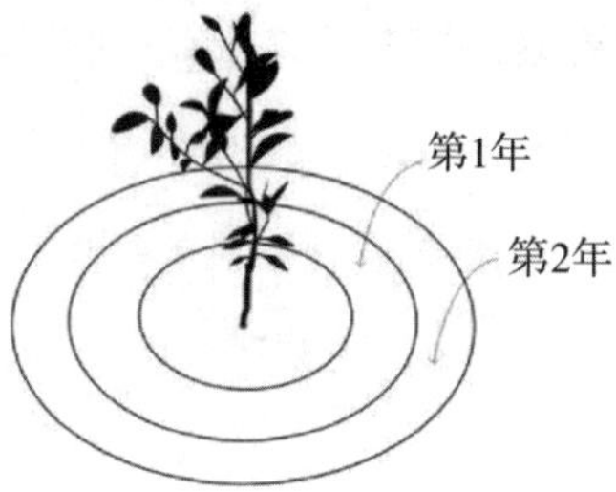

图 1-51 深翻扩穴

树盘覆盖

由于幼年柑橘园空间大，高温季、干旱季、低温季等均会使土壤的温度和湿度发生剧烈变化。进行树盘覆盖，可增加土壤的有机质、防止土壤板结、抑制杂草等。

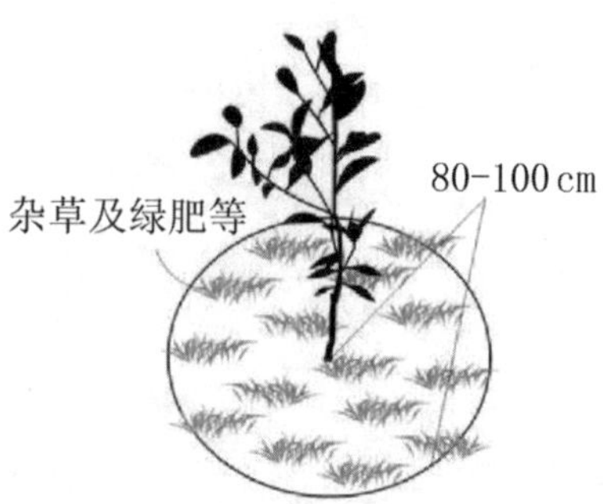

图 1-52 树盘覆盖

· 成年树的管理

扩大有效土层

开沟排水 降雨集中时要及时清理种植带的背沟、侧沟和主沟，使其排水畅通。

深耕改土 因为柑橘具有吸收能力的根，寿命长2—3年，所以深耕结合增施有机肥，是扩大有效土层的根本措施。

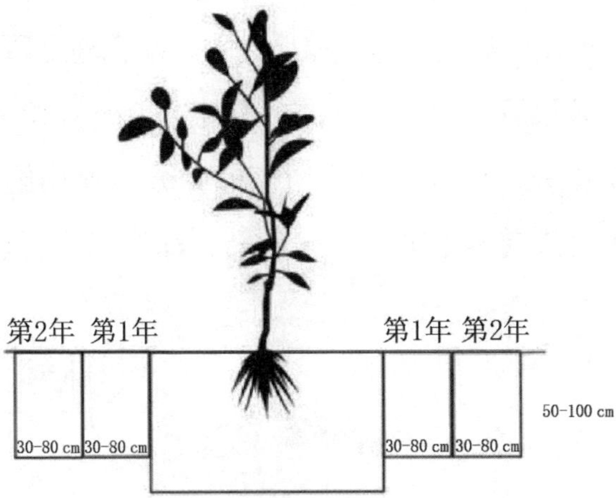

图 1-53 深耕改图

施肥

发芽肥 柑橘春梢抽发量大，既是当年制造有机营养的基础，又是来年良好的结果母枝。发芽肥一般在发芽前一个月施用，迟效肥和速效的氮、磷肥相结合施用。

稳果肥 柑橘抽发春梢、开花、坐果至第一次落果期间，养分大量消耗，容易发生脱肥现象，应及时补充营养，主要以氮肥为主，配合施用磷肥。

壮果肥 春梢叶片于6月成叶后，它的光合产物供应果实以及供应春梢营养枝的叶腋，使其分化成花芽，成为下年结果母枝。此期养分是优先供应果实，但如果腋芽得不到充足的养分，花芽分化少，就容易形成大小年，所以壮果肥以速效氮肥为主，配合施用磷、钾肥。

采果肥 柑橘花芽一般是当年9月开始分化，至下年初结束，其开始分化所需的养分由前期施肥所提供。采果肥采前施速效肥，采后结合深耕重施有机肥，这样肥效的持续期长。

任务六 柑橘树的整形修剪

·整形、修剪

柑橘树常采用的树形有自然圆头形、自然开心圆头形。

图 1-54 自然圆头形

图 1-55 自然开心圆头形

自然圆头形

第一年整形：定植后，在苗木高 60 cm 处短截，剪口以下 20 cm 为整形带，从春季萌发新梢开始，应经常抹去 40 cm 以下的萌芽。

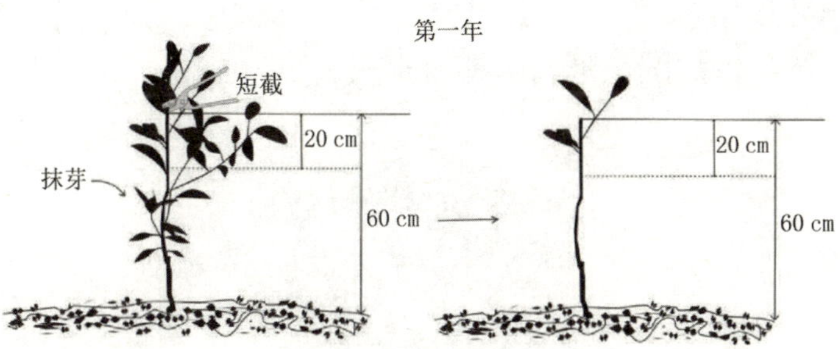

图 1-56 第一年整形示意图

第二年整形：在主干 20 cm 以上萌发的新梢中选留方位适当、分布均匀、长势健壮的 3—4 个分枝作为主枝培养，留 5—7 片叶后摘心，促进主枝抽生分枝。在主枝上抽生的分枝中选留 3 条长势相似的分枝，其中两条作为副主枝，另一条作为主枝的延长枝培养。

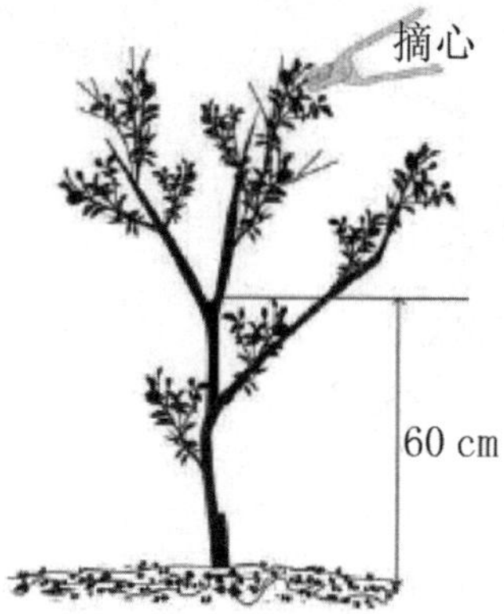

图 1-57 第二年整形示意图

第三年整形：当延长枝长到 30 cm 时，再短截，促进分枝，作为二级副主枝。如此后再培养第三、第四层分枝，自然圆头形树冠即可形成。

图 1-58 第三年整形示意图

自然开心圆头形

整形步骤是：留主干高度为20—25 cm，主枝数3个，主枝与主干呈30°—45°向外斜生，主枝间距为10 cm，各主枝上配置3—4个方向相互错开的副主枝，以填补主枝空缺。

第一年整形：定植后，苗木留20—25 cm短截定干，剪口以下20 cm为整形带，在整形带内选择3个生长势强，向四周分布均匀和相距约10 cm的新梢作为主枝培养，并使其与主干呈30°—45°向外斜生；对其余新梢，除少数作为辅养枝外，其他的全部抹去。

第二年整形：当主枝长到50—60 cm时，在30—40 cm处短截，促进主枝抽生分枝。在先端选一强梢作为主枝延长枝，留5—8片叶后摘心，其余的作为侧枝。在距主干30 cm处，选留第一副主枝。

第三年整形：在各主枝上按相距30—40 cm的要求，选留相互错开方向的2—3个副主枝，副主枝与主干呈60°—70°。在主枝与副主枝上配置侧枝。经过培养，自然开心圆头形树冠即可形成。

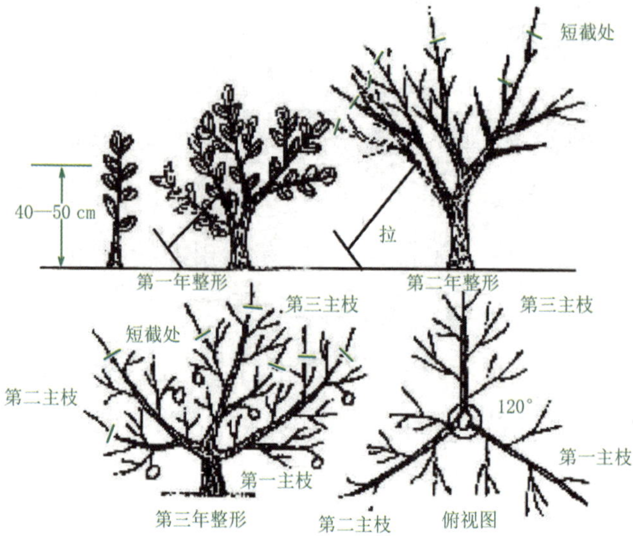

图 1-59 自然开心圆头形整形过程

· 幼年树的修剪

幼树生长势较强，以抽梢形成骨干枝、扩大树冠为主，修剪量宜轻；以整形为主，适当修剪。

抹芽放梢

树冠上部、外部或强旺枝顶端零星萌发的嫩梢长 1—2 cm 时，即可抹除。每隔 3—5 天抹除一次，连续抹 3—5 次。当全树大多数末级梢都萌发时，即停止抹芽让其抽梢。

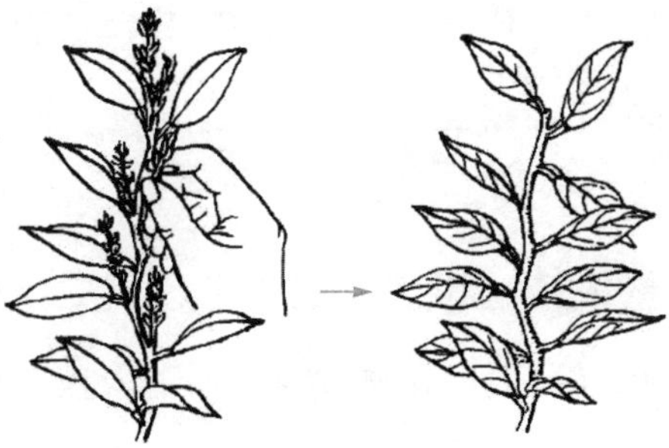

图 1-60 抹芽放梢

疏除花蕾

幼树定植后1—2年内，应全部摘除树冠花蕾。第三、第四年后，在树冠内部、下部的辅养枝上可适量结果，而其他部位的花蕾应全部摘除，以免影响树冠生长。

· 成年树的修剪

柑橘树进入结果期，以春梢为主要结果母枝，抽生夏、秋长梢较少。夏梢抽生与幼果争夺养分，会加重生理落果。秋梢抽生少，修剪的目的是促发秋梢，培养良好的结果母枝，避免出现大小年结果现象。

冬季修剪

及时调冠整枝　短截相邻的主枝、副主枝、交叉枝和重叠枝，保证各枝之间有足够的生长空间。侧枝要求短而整齐，有较突出者，可在小枝部位剪除，以免妨碍邻近侧枝的生长。

疏剪郁蔽大枝 柑橘树进入丰产期后，树冠外围的大枝较密，可适当疏剪部分2—3年生大枝，改善树冠内光照，防止早衰，延长盛果期年限。

更新枝条，轮流结果 每年冬剪时，应选1/3左右衰弱的结果枝组或夏、秋梢的结果母枝，将其从基部短截，在剪口保留1个当年生枝，并短截1/3—2/3，防止其开花结果，从而使这些抽生较强的春梢、夏梢和秋梢，形成强壮的更新枝组，轮流结果，保持稳产。对同一侧枝上的结果母枝，可保留一侧分枝，短截另一侧分枝，作为更新枝。若结果枝充实，叶片健壮，则不宜从基部截除，只剪去果梗，使其在翌年抽发1—2个健壮的营养枝。

图1-61 结果母枝的修剪

图 1-62 结果枝的修剪

夏季修剪

抹春梢 春梢萌发量大，可抹除春梢总量的 1/3—2/3。重点抹除树冠外围和顶部的春梢；有花的枝上春梢可全部抹除，只留结果枝；按照“三去一、五去二”的原则抹除多余的春梢。

控夏梢 在 5—7 月要及时抹除夏梢，防止因夏梢抽发而加重生理落果。通常每隔 3—5 天抹除一次，直到夏剪放梢时为止。

放秋梢 早秋梢是良好的结果母枝，特别是在春梢留量不足的情况下，要多促发早秋梢，培养优良的结果母枝。一般盛产期挂果较多的树和弱树，宜放“大暑至立秋”梢；挂果适中、树势中庸的青壮年树，宜放“立秋至处暑”梢；初果幼龄树、挂果偏少的旺树，宜放

“处暑至白露”梢。

进行夏剪放秋梢时，主要剪去落花落果枝、病虫枝等，通常留基部 2—3 个节位进行短截，树冠上部的营养枝留 5—7 片叶短截。攻秋梢肥是一年中的施肥重点，应占全年施肥量的 30%—40%，以速效氮肥为主，配合施腐熟的有机肥。

任务七 柑橘树的花果管理

· 保花保果

采用生长调节剂来保花保果

目前用于柑橘保花保果的生长调节剂有天然芸苔素（油菜素内酯）、赤霉素（GA_3）等。

▶ 使用天然芸苔素乳油：柑橘谢花 2/3 或幼果 0.4—0.6 cm 大小时，用 0.15% 天然芸苔素乳油 20 g 稀释 5000—10000 倍，即 5000 倍药液兑水 100 kg，10000 倍药液兑水 200 kg，进行叶面喷施，每亩喷施 20—40 kg 具有良好的保果效果。

▶ 使用赤霉素：柑橘谢花 2/3 时，用 50 mg/kg（即 1 g 加水 20 kg）的赤霉素液喷施花果，两周后再喷 1 次；

5 月上旬疏去劣质幼果，用 250 mg/kg（1 g 加水 4 kg）的赤霉素涂果 1—2 次，提高坐果率。涂果比喷果效果好。

利用营养元素保果

营养元素与坐果率有密切的关系，如氮、磷、钾、镁、锌等元素可以提高柑橘的坐果率，尤其是对树势衰弱和表现缺元素的植株效果更好。

在开花坐果期（5—7 月），每隔 10—15 天喷 1 次营养液。使用 0.3%—0.5% 的尿素与 0.2%—0.3% 的磷酸二氢钾混合液，或用 0.1%—0.2% 的硼砂加 0.3% 的尿素，叶面喷施 1—2 次。

在盛花期，叶面喷施液体肥料，如“农人”液肥，施用浓度为 800—1000 倍液，补充树体营养，保果效果显著。

通过合理修剪保果

▶ 抹除部分春梢营养枝：在柑橘花蕾现白时，抹除密集部分的细弱短小春梢和花枝上部的春梢营养枝，可保幼果并促其生长。

▶ 抹除夏梢：在柑橘第二次生理落果期控制氮肥的施用，防止夏梢大量萌发。在夏梢抽发期，每隔 3—5 天，及时抹除夏梢，也可在夏梢萌发长 3—5 cm 时，喷施“杀梢素”，控制夏梢，避免与幼果争夺养分、水分，有利于坐果。

· 疏花疏果

柑橘花量大，春季可剪除部分生长过弱的结果枝，减少花量。稳果后进行疏果，一般可疏去总果量的 10%。疏果时注意疏畸形果、特大果、特小果、病虫果、过密果和果皮有缺陷或损伤的果。一年可进行三次疏果：第一次在 5 月底，即第二次生理落果后；第二次在 7 月中旬，即果实第二次膨大前；第三次在采果前 15 天左右。

任务八　柑橘树的病虫害防治

· 病害

疮痂病

▸ 症状：疮痂病的主要特点就是“欺弱怕强”，新梢和新叶子还没有展开之前很容易发生，花凋谢后的幼果也很容易感染。幼果感染病害之后，表面会有很多褐色的斑点，之后扩大，形成圆锥形的凸起。该病会直接导致早期的果实脱落，后期的果实发育不正常，果实畸形的情况比较严重。这类果实不仅个头很小、果皮很厚，口感还非常酸。疮痂病侵害花瓣，也会引起果实的畸形，使得果实的产量大减。

图 1-63 疮痂病

▶ 防治方法：

农业防治 选择无病苗木；合理修剪、整枝，彻底剪除树上病枝、病叶，增强通透性，降低湿度；加强肥水，促使新梢健壮整齐。

化学防治 在春梢与幼果时各喷 1 次药，可选择的丙森锌（70％丙森锌 600—800 倍喷雾）、苯醚甲环唑（30％的苯醚甲环唑 1500—2000 倍喷雾）、43％的戊唑醇 1000—2000 倍＋ 80％的代森锰锌 800 倍喷雾。

溃疡病

▶ 症状：主要危害叶片、果实和树梢，会导致落叶、落果，植株生长不良，影响产量和品质。该病会给果树带来很严重的损害，甚至会使果树死亡。如果是幼苗感染，严重时会出现果树叶子掉落、很多枝条干枯等情况。

图 1-64 溃疡病

▶ 防治方法：

农业防治 选择无病苗木；合理修剪、整枝，彻底剪除树上的病枝、病叶；不偏施氮肥，增施磷、钾肥，保证夏、秋梢整齐，控制夏梢抽生；及时防治害虫，减少伤口。

化学防治 春季开花前及落花后的 10 天、30 天、50 天，夏、秋梢期在嫩梢展叶和叶片转绿时，各喷药 1 次。药剂可选用 47%春雷·王铜 450—700 倍 +80%代森锰锌 800 倍或 82.3%氧化王铜 800—1000 倍或 20%松酯酸铜 600—800 倍等喷雾。

黄花病

▶ 症状：全年都可能发生，夏、秋梢发病更明显，它是柑橘生产上一种毁灭性病害。发病初期，部分新梢叶片黄化，出现“黄梢”，从最顶端叶片开始发病，然后向下蔓延，经 1—2 年后全株发病，3—4 年后失去经济价值。叶片斑驳，叶肉变厚、硬化，叶表无光泽，叶脉肿大，有些肿大的叶脉背面破裂，似缺硼症。病树开花早而多，花瓣较短小、肥厚，淡黄色小枝头花朵成团，称为“打花球”。根部主要表现为腐烂。

图 1-65 黄花病

▶ 防治方法：培育无病苗木；加强检疫，禁止病苗、病穗进入橘园；加强肥水管理，保持树势状，提高抗药力；及时铲除病株，每年春、夏、秋 3 个梢期，认真逐株检查，发现病株和可疑病株，立即挖除集中烧毁，并对种植穴严格消毒；及时防治柑橘木虱。可选用吡虫啉、噻虫嗪、啶虫脒、噻嗪酮等药剂。

·虫害

蜘蛛类

▶ 危害特点：危害柑橘的蛛形纲动物种类有 26 种。主要有红蜘蛛（全爪螨、瘤皮红蜘蛛）、黄蜘蛛（始叶螨、四班黄蜘蛛）两种叶螨，锈壁虱（锈螨）、瘤壁虱（芽瘿螨）两种瘿螨。气温在 12—26℃时容易发生，最适温度为 20℃，最适宜的相对湿度为 70%，多雨时不易发生。红蜘蛛是周年为害性害虫，年发生代数多，世代重叠。

图 1-66 红蜘蛛

▶ 防治方法：可选用螺螨脂、阿维菌素、哒螨灵、噻螨酮（如尼索朗）、四螨嗪、矿物油（如绿颖机油乳剂等)、石硫合剂、三唑锡、苯丁锡、克螨特等药剂，二元或三元复配剂型等。

柑橘潜叶蛾

▶ 危害特点：柑橘潜叶蛾是一种很小的蛾类害虫。幼虫在嫩叶表皮下钻蛀为害，形成隧道，导致叶片卷曲、硬化和脱落，偶尔也会蛀入嫩茎和果实表皮。潜叶蛾为害造成的大量伤口极易诱发溃疡病。

图 1-67 柑橘潜叶蛾

▶ 防治方法：抹芽控梢，统一放梢。春季影响潜叶蛾发生的主导因素是低温。夏秋季其主要食料是嫩梢，夏秋梢抽发期应采取去零留整、去早留齐、去少留多的措施，统一放梢。放梢标准是全园 70%—80% 植株抽梢。新梢大量抽发，嫩梢长 0.5—1 cm 时，立即喷药，以后每隔 7 天左右喷 1 次，连续 2—3 次。防治药剂有阿维菌素等。

柑橘花蕾蛆

▶ 危害特点：幼虫于花蕾内蛀食，受害花蕾膨大呈灯笼状，花瓣多有绿点，因不能开花而脱落。

图 1-68 柑橘花蕾蛆

▶ 防治方法：秋季深翻或春季浅耕树冠周围土壤有一定效果。及时摘除被害花蕾并集中处理。在成虫出土前于地面施药毒杀效果很好，可用 5% 西维因粉剂或 1.5% 甲基对硫磷粉剂等喷于地面，隔 7 天再喷 1 次。在幼虫脱蕾入土前也可于地面撒药毒杀。在现蕾期于树冠喷药毒杀成虫，可喷洒 90% 晶体敌百虫、50% 杀螟松乳油 1000 倍液或 40% 乐果 1500 倍液。

项目四　刺梨的生产技术

※ 学习目标

- ▶ 了解刺梨园地址选择。
- ▶ 掌握刺梨树的育苗、栽植、修剪、病虫害防治。
- ▶ 了解刺梨树的肥水管理、采收与干制。

※ 学习重点

- ▶ 刺梨树的修剪及病虫害防治。

任务一　刺梨园地址选择

圃地宜选择地势平缓、背风、向阳、排灌方便、交通便利、土壤疏松肥沃、土层厚度≥ 60 cm、pH 值为 5.5—7.0、无严重病虫害的地块，不宜连作。

图 1-69 刺梨园地的选择

任务二 刺梨的育苗、栽植

·育苗

种子繁殖

分春播和秋播。实生繁殖的后代变异系数大，生产上不宜采用。秋播宜 9 月上、中旬果实成熟后采种，立即播入苗床，10 月中、下旬出苗。春播以 2 月下旬至 3 月上旬为宜，4 月上旬出苗，5 月下旬至 6 月上旬移栽到苗圃。

图 1-70 刺梨种子的选择示意图

扦插繁殖

刺梨的枝容易产生不定根，用枝扦插容易生根，生产上多采用扦插繁殖育苗。

图 1-71 刺梨初产园地

嫩枝扦插 在 9 月中旬至 10 月中下旬，选生长充实健壮、直径 0.6 cm 以上的当年生枝，剪成 15 cm 左右的插条进行扦插。扦插前将插床的土壤深挖、施肥、整细、作厢、浇透水，然后用地膜覆盖后再扦插，这样效果更好。

图 1-72 刺梨扦插条的选取示意图

硬枝扦插 春、夏、秋三季都可进行硬枝扦插，以春季发芽前和秋季 9 月中旬至 10 月中下旬为宜。扦插时选生长健壮、直径 0.8 cm 以上的 1—2 年生枝作为插条。插床要求与嫩枝扦插的相同。

图 1-73 硬枝扦插示意图

· 栽植

整地

定植前土壤要进行深翻熟化、改良和挖好定植沟或穴。山地建园，土壤耕层薄、有机质少、肥力低，需要进行土壤改良。定植前一般要挖深40 cm、宽或直径为60 cm的沟或穴，将表土与农家肥等充分混合回填，并用水沉实或边填边踏实。

图 1-74 刺梨种植地块的整理

定植密度

对于立地条件差或管理粗放的地块，可采用2 m×1 m或2 m×1.5 m的行株距。对于土壤肥沃、雨水充足的地块，行株距可适当大些，2.5 m×1.5 m或2.0 m×1.5 m较适宜。

图 1-75 刺梨幼苗

定植时间

于 11 月下旬到翌年 2 月上旬刺梨落叶后的休眠期内定植。

定植方法

定植时，先在定植穴上挖一个大小适宜的坑，将刺梨苗放入坑内，确定好苗木的位置和深度后，将根系疏展，填入细土，再将苗木略向上提，使其根系伸展开，最后将土填回、踏实。定植的深度以苗木出圃时的埋土深度为准，在定植穴周围或沟的两侧筑上小土埂，浇透定植水，加强管理，以保成活。

图 1-76 刺梨苗期管理

图 1-77 刺梨整形拉直示意图

任务三　刺梨树的肥水管理

刺梨园每年施基肥 1 次，追肥 2 次。11 月施基肥，在 2 月抽梢前追施 1 次以氨态氮为主的氮肥；在 6 月初和 7 月初，各追施 1 次氮磷钾复合肥。

刺梨根系分布浅，抗旱力弱，因此干旱时要及时灌水。

图 1-78 已结果实的刺梨树

任务四　刺梨树的修剪

▶ 适宜树形：保持树高 1.5—2 m，冠幅 1.5 m 左右，全丛5—8个主枝，其上交错分布结果母枝。

▶ 修剪时期：以冬剪为主，生长期应适量疏剪。

▶ 修剪方法：疏剪枯枝、病虫枝、过密枝和纤弱枝，尽量多留健壮的1—2年生枝作为结果母枝。对衰老的多年生枝进行重短截，促使其基部萌发抽生强枝并成为新结果母枝。树冠中下部过于衰老的结果母枝要剪除。

（a）（b）（c）

图1-79 修剪刺梨枝

对于衰老的刺梨园，应进行树冠的回缩更新修剪。

回缩树冠的 1/3 或 1/2，3 年左右更新修剪 1 次。

对于衰老严重、产量极低的刺梨园，可进行隔行台刈更新。从地面以上 20 cm 处将大枝全部剪除，只留 20 cm 高的丛桩。

任务五 刺梨树的病虫害防治

刺梨常见病害为白粉病。该病易春秋时期发生，应于 6 月上旬发病初期及时喷粉锈宁，防效可达 74%—88%。

图 1-80 刺梨树白粉病

刺梨树常见虫害有蚜虫、黑刺粉虱、实心虫等。蚜虫主要危害新梢，用 80％敌敌畏 2000 倍液喷洒，防治效果较好。

黑刺粉虱寄生于叶子背面，在5—8月发生虫害时，可用2000倍水胺硫磷防治。

在7月上旬至8月用2.5%敌杀死（溴氰菊酯）6000倍液喷洒，连喷2次可防治食心虫。

图1-81 蚜虫危害

任务六 采收与干制

在果实接近完熟、果皮由绿开始转为黄色时采收。此时果实的维生素C含量达到最高峰，采后可立即出售。采收时间应选无雨天为好，雨天采收的果实不耐贮运。干果加工简便，将果实晒干、烘干即可。

（a）　　（b）

图 1-82 完熟的刺梨

2

蔬菜的生产技术

项目一　西瓜的生产技术

※ 学习目标

- 了解西瓜地的选择。
- 掌握西瓜的育苗、移栽、肥水管理、病虫害防治。
- 了解西瓜的整枝压蔓、授粉、膨大期管理。

※ 学习重点

- 西瓜的肥水管理及病虫害防治。

任务一　西瓜地的选择

选择3—4年未种植过西瓜或瓜类的疏松、透气性好、排水良好、肥沃的沙壤土或壤土种植西瓜。

任务二 西瓜的育苗、移栽

·育苗

晒种

先把西瓜种子准备好，然后把种子晒上两天左右的太阳，但要注意，温度太高不宜拿去晾晒，以免把种子晒坏。要在适宜的温度下晾晒，可以提高种子的发芽能力。

浸种

将晒过的种子装进小盆里，倒入25—30℃的温水，浸泡10小时左右，可加快种子发芽。

催芽

将浸泡后的种子放在湿毛巾上，温度控制在30℃左右，在种子发芽的过程中一直保持毛巾湿润。

穴盘育苗

将“露白”的种子均匀放入穴盘，胚根向下，每穴一粒，再覆盖1 cm左右的细土，保持土面湿润直到出苗。

炼苗

为防止“高脚”苗，更好地培育壮苗，必须控水控温。

· **移栽**

气温稳定在18℃，土壤温度稳定在15℃，经过炼苗后，选择有2—4片真叶的壮苗定植。

任务三　西瓜的肥水管理

· **施肥管理**

在施足底肥的情况下，坐瓜前一般不施肥。为了促进小苗更好地生长，要定期进行施肥，在生长期以氮肥为主。

· **水分管理**

定植前造足底墒，定植时浇足定植水，瓜苗开始甩蔓时浇一次透水，到坐瓜前不再浇水，地面也不可有积水。

任务四　西瓜的整枝压蔓

· 整枝

整枝方式有单蔓式、二蔓式和三蔓式。单蔓式是保留主蔓，剪除主蔓上的侧枝，这种方法会使一株上的叶数少、果形小，一般只宜在高密度情况下采用。二蔓式或三蔓式是整除植株基部第 3—7 节叶腋中抽生的侧枝，只选留 1—2 个生长健壮、方向适宜的枝。整枝工作要分次进行，主要在营养生长前期和结果初期进行，第一次整枝应在主蔓第 2—3 朵雌花开花、雌花节位前后形成若干生长较旺的侧枝时，应及时剪除侧枝，当主蔓坐果有鸡蛋大时，整枝就应停止。

· 压蔓

当瓜蔓长 30 cm 以上发生倒蔓时，在主蔓延伸的相反方向压一块土，使主蔓向前倾斜，以防止风雨害，以后每隔 4—5 节压一次，压 2—3 次即可。压蔓宜在中午进行，避免损伤茎蔓，坐果后要停止压蔓。

任务五 西瓜的授粉

雌花开放后，在清晨摘取当天开放的雄花，剥除雄花的花瓣，选取理想的结瓜部位，将扭曲状的花药在雌花蜂窝状的柱头上涂抹即可，每朵雄花可涂抹 1—2 朵雌花。注意不能触动子房，以免损坏子房。授粉宜在上午 9 时前进行，阴天可推迟至 11 时。

图 2-1 西瓜人工授粉

任务六 西瓜的肥水管理

· 水分管理

大部分瓜坐稳后要浇催瓜水，之后要勤浇，经常保持地面湿润。瓜生长后期适当减少浇水，采收前 7—10 天停止浇水。

• 施肥管理

根部追肥

坐瓜后，结合浇水每 667 m^2 冲施尿素 20 kg、硫酸钾 10—15 kg，或充分腐熟的有机肥沤制液 800 kg。瓜膨大期再冲施尿素 10—15 kg、磷酸二氢钾 5—10 kg。

叶面施肥

坐瓜后，每 7—10 天进行一次叶面喷肥，主要叶面肥有 0.1%—0.2% 尿素、0.2% 磷酸二氢钾、丰产素、1% 复合肥浸出液体以及 1% 红糖或白糖等。

• 选果定瓜

西瓜长到鸡蛋大小时，将果形正常的幼瓜留下，去掉不符合标准的幼瓜。

• 盖瓜垫瓜

高温时可用草盖在西瓜上，避免晒伤。雨季要在果实下垫上稻草，保证果实正常发育。

·翻瓜

在采收前的半个月左右，要勤翻动，每次转 90°，这样可使西瓜色泽均匀。

·采收

雌花授粉后需要 30—50 天成熟，可根据西瓜的外观判断是否成熟。如果瓜皮较硬，难以用手指按下去，瓜皮上纹路清晰可见，西瓜连接处的杆已经枯萎，就表示西瓜已经成熟，可以采收。

任务七　西瓜的病虫害防治

·病害

西瓜蔓枯病

▶ 症状：子叶受害后会出现病斑，发病初期，病斑呈水渍状小点，随后慢慢扩大成黄褐色或青灰色的圆形病斑，有时也会呈不规则形，然后扩展至整个子叶，导致子叶枯死。

▶ 防治方法：可用 25% 苯醚甲环唑乳油 3000—5000 倍液、75% 百菌清可湿性粉剂 600 倍液等药剂喷雾防治，5—7 天喷 1 次，连喷 2—3 次。）

图 2-2 西瓜蔓枯病

西瓜枯萎病

▶ 症状：在成株期发病时，病株生长速度变慢且下部叶片发黄，并慢慢往上发展。病情初期，病株白天萎蔫，早晚恢复正常。病情后期，全株萎蔫枯死。

▶ 防治方法：可在成株期用 70% 恶霉灵可湿性粉剂 5 g 兑水 10—15 kg 灌根，每株每次 50—150 mL，连灌 2 次。

图 2-3 西瓜枯萎病

西瓜炭疽病

▶ 症状：染病初期，叶片上有黄色圆形小斑，呈水渍状，病斑颜色比较均匀，散生着黑色小点，湿度大的情况下会有粉红色、黏稠状的胶状物。发病后期，病斑易干枯破碎，从而导致植物早衰。

▶ 防治方法：可用 36% 甲基硫菌灵悬浮剂 500 倍液或 80% 炭疽福美可湿性粉剂 800 倍液等药剂进行防治。

图 2-4 西瓜炭疽病

西瓜病毒病

▶ 症状：发病初期，在幼苗靠近地面处的茎基部会出现黄色至黄褐色的病斑，病斑缢缩且呈水渍状，有时也会出现在根茎部，然后导致幼苗猝倒，一拔便会断。

▶ 防治方法：一般可用 72.2% 普力克水剂 400 倍液，或者 58% 甲霜灵猛锌可湿性粉剂 800 倍液喷洒防治。

图 2-5 西瓜病毒病

西瓜白粉病

▶ 症状：发病初期，叶面或者叶背会出现近圆形的星状小粉点，颜色为白色。环境适宜的情况下，粉斑快速扩大并连接成片，变成大片白粉斑，上有白色粉末状的霉层。发病严重时，整个叶面上均布满白粉。

▶ 防治方法：发病初期，将病叶摘掉，随后用 15% 粉锈宁可湿性粉剂1500倍液，或者6%氯苯嘧啶醇可湿性粉剂1500倍液喷雾防治，叶片的正面及背面都要均匀喷施。

图2-6 西瓜白粉病

西瓜疫病

▶ 症状：叶片发病出现水浸状不规则形褐色病斑。茎秆或叶柄发病，出现水渍状椭圆形病斑。果实感病，发病部位变软腐烂，后期出现稀疏白霉（孢子囊梗及孢子囊）。

▶ 防治方法：可选用72.2%霜霉威盐酸盐（双泰）600倍液，或60%唑醚·代森联（百泰）1200倍液，或72%百菌清悬浮剂（立达宁）500倍液，或60%霜脲·嘧菌酯（诺矶）2000倍液，或69%烯酰·锰锌800倍液，或10%氰霜唑（科佳）2000倍液等药剂喷雾。此病害为高湿病害，应注意控制棚内湿度。

图 2-7 西瓜疫病

·虫害

地下害虫

地下害虫主要有蝼蛄、地老虎等。

防治方法：可用 18.1% 氯氰菊酯（富锐）3000 倍液叶面喷雾或灌根。

图 2-8 地下害虫——蝼蛄

（a）

（b）

图 2-9 地下害虫——地老虎

蚜虫

防治方法：可选用 10% 氟啶虫酰胺（隆施）1300 倍液，或 20% 噻虫·高氯氟（阿立卡）1500 倍液，或 50% 氟啶虫胺腈（可立施）4000 倍液，或 10% 烯啶虫胺 1000 倍液，或 70% 吡虫啉 4000 倍液，或 70% 啶虫脒（爱诺闪妙）4000 倍液等叶面喷雾，防治时在药剂中加入怀农特 500 倍液或水动力 3000 倍液效果更佳。

图 2-10 蚜虫

红蜘蛛

防治方法：可用乙螨唑1500—2000倍液，或30%苯丁·联苯肼2000倍液，或15%哒螨灵（红四螨）1000倍液，或5%阿维菌素2000倍液，或20%丁氟螨脂1500倍液等叶面喷雾。添加怀农特500倍液或水动力3000倍液效果更佳，每隔5—7天喷1次，连续2—3次。

（a）　　（b）

图2-11 红蜘蛛

项目二　辣椒的生产技术

※ 学习目标

- 了解辣椒地的选择。
- 掌握辣椒的育苗、移栽、肥水管理、病虫害防治。
- 了解辣椒的打杈、辣椒花和辣椒果的管理。

※ 学习重点

- 辣椒的肥水管理及病虫害防治。

任务一　辣椒地的选择

选择背风向阳、土质疏松、土壤通透性好的地块，切忌在低洼地栽培。

选择水稻田或2—3年内未种植过茄科作物（辣椒、番茄、茄子、烤烟）的田块。

选择排灌方便、交通便利的地块。

任务二 辣椒的育苗

将种子放入盆内，再缓缓倒入55℃的温水，边倒边搅拌，水量为种子量的5—6倍，持续15分钟。

用10％的高锰酸钾水溶液浸泡15分钟，捞出后冲洗干净，继续浸泡10—12小时后，晾干便可播种。

播种后不干不浇水，当苗出齐后，到现一片真叶时，可再撒盖一层湿润细土，以增加土表的湿润度和压力，助子叶脱壳，也可达到保温、保湿、苗壮的目的。

移栽前15天，应控制肥水，加大放风量，进行炼苗，防止出现“高脚”苗、旺长苗。

任务三 辣椒的移栽

土温稳定在15℃，苗长到6—8片真叶时即可移栽大田，移栽前喷1次防病防虫药，要浇透水，这样可以做到带土、带肥、带药移栽。

每个厢面栽2行，行距50 cm、株距30 cm、密度为2850株/亩，每亩施有机肥1000 kg、硫酸钾复合肥30 kg作为底肥，栽苗深度以子叶平地面为宜，定植后浇定根水。

任务四　辣椒的肥水管理

·提苗

苗移栽当天，立即打一次农药（敌杀死），防土蚕咬食秧苗。栽苗 7—10 天后，每亩按施尿素 8—15 kg 提苗。

·水分管理

辣椒既不耐旱也不耐涝，单株需水量并不太多，但因根系不发达，必须经常供给水分，并使土壤保持较好的通透性。

·施肥管理

按照“前轻后重”的原则，定植 15 天后追施 10 kg 磷肥、5 kg 尿素。进入盛果期后再追施 20 kg 磷肥和 5 kg 尿素。（复合肥为宜）

任务五 辣椒的打杈

移栽25—30天门椒坐住后进行整枝，要在晴天上午10时以后进行，雨天不宜操作，以免造成病菌感染。

要去除辣椒植株第1个分杈（开始结辣椒的部位）以下着生的所有侧芽、侧枝。第1个分杈以上的芽和枝让其自然生长，不需疏芽疏枝。

操作时用食指和大拇指的指尖捏住侧枝或侧芽的根部，然后朝侧边用力扳下侧枝或侧芽，注意不能往下用力，避免扳掉或伤害到侧枝或侧芽着生处的叶片。

任务六 辣椒花、果的管理

阴雨连绵、低温、光照不足等易引起早期落花，若盛果期正处于高温季节，常易发生病毒病而引起落叶，或因高温高湿使植株生理失调而导致落花、落果、落叶，或因病害而落果等。

防止辣椒落叶落花的措施：

在坐果之前控制氮肥，防止植株徒长。

早期采果时对生长较旺的植株适当留一部分果实延迟采收，以果抑制茎、叶的生长。

低温多雨期间，开花时可用 60—70 mg/L 的番茄灵溶液喷花，喷雾时注意不要喷到嫩尖和嫩叶上。

高温季节保持土壤湿润，加强遮阳降温和病虫防治，以减少落花、落叶，促进辣椒植株健壮生长。

辣椒分青、红椒采摘，第一次采收青椒，只采门椒（即第一分枝所结的辣椒）。以后按商品的要求及时采收，如果迟收，会加剧养分消耗，会导致植株衰老。

任务七 辣椒病虫害的防治

· 病害

辣椒疫病

▶ 病症：茎、叶、枝条、果实都可染病。病菌侵染茎基部呈暗绿色水渍状，病部明显缢缩，茎叶急速萎蔫死亡，潮湿时病部可见白色稀疏霉层。枝条发病，潮湿时皮层软化腐烂，枝条上部叶片凋零、脱落，最后植株死亡。果实蒂部发病时，初呈水渍状软腐，然后迅速向果面、果柄发展，病果由淡褐色变为黑褐色，遇晴天果实成黑色僵果，天气潮湿可见到白色粉状霉层。

▶ 防治方法：定植前先用 722 g/L 的普力克水剂 600

倍灌根。定植后，发病前用安泰生 70%WP500 倍喷洒叶面。可用 58% 瑞毒霉锰锌 600 倍或 1:1:200 的波尔多液喷洒。

（a）

（b）

图 2-12 辣椒疫病

辣椒青枯病

▶ 病症：一般在坐果初期发病。发病初期，植株中午发蔫，早晚恢复原样，拔出植株可以发现大多数须根坏死。辣椒病株青枯死亡后基部会产生不定根或不定芽。剖开茎杆内部，可见辣椒杆内部的纤维管束变褐，有异味。死株仍保持绿色，但叶片颜色稍微变淡。

▶ 防治方法：应以防为主，发病时要及时清除病株，穴部施适量生石灰杀菌，可用1000倍敌克松或72%农用链霉素4000倍溶液灌根。

图2-13 辣椒青枯病

辣椒炭疽病

▶ 病症：叶片受害时，初为水浸状绿斑，渐变褐色，病斑近圆形，中央灰白色，轮生黑色小点。果实被害时，病斑初呈水浸状黄褐色斑，扩大后为长圆形或不规则形凹陷，有隆起的同心轮纹，边缘红褐色，中央灰色轮生黑色小点，潮湿时有浅红色黏稠物。

▶ 防治方法：与非茄科作物进行2—3年的轮作。发病初期用45%施保克EW2000倍，或70%安泰生WP500倍，或50%多菌灵WP600倍喷施，每7—10天1次，连续2—3次。 可用1:1:200的波尔多液或75%的百菌清

1000 倍溶液喷洒。

（a）（b）

图 2-14 辣椒炭疽病

辣椒软腐病

▶ 病症：主要危害辣椒果实。病果先出现水浸状暗绿色斑，然后变黑褐色软腐，发出恶臭味。夏秋季最为严重。特别是虫蛀果上发病率很高。

▶ 防治措施：

轮作 与非茄科类及十字花科蔬菜进行 3 年以上轮作。

防虫 2.5% 功夫乳油 5000 倍液或者 4.5% 高效氯氰菊酯 3000—3500 倍液任选一种进行喷雾。

图 2-15 辣椒软腐病

辣椒根腐病

▶ 病症：病部多限于根部和茎基部。由于根部受害病株枝叶萎蔫，起初早晚可以恢复，后来整株枯死。发病植株根部及茎基部出现褐色缢缩、腐烂，发病部与皮层易剥离露出暗色木质部。病菌通过雨水、灌溉水传播蔓延，多由根部伤口侵入，在皮层细胞为害，最后扩大到木质部。

▶ 防治方法：高垄栽培，防止大水漫灌及雨后田间积水。重病地与非茄科植物进行 2—3 年的轮作。用乙蒜素 + 春雷霉素进行防治。根瑞 + 火安 + 金级安好 800 至 1000 倍淋根。

（a） （b）

图 2-16 辣椒根腐病

辣椒病毒病

▶ 病症：一般有花叶、蕨叶、明脉、矮化、黄化、坏死、顶枯等症状。为害我国辣椒的病毒有黄瓜花叶病毒和烟草花叶病毒，病毒病主要靠蚜虫传播。

▶ 防治方法：用 10% 磷酸三钠溶液浸种 10 分钟，捞起洗尽催芽，有助于预防烟草花叶病毒。及时消灭蚜虫，可用 70% 艾美乐 WP15000 倍喷施。10% 混合脂肪酸水剂 600—1000 毫升 / 亩兑水喷施。用病毒 A400—600 倍液喷施，间隔 7—10 天喷 1 次，连续 3—4 次。

· 虫害

害虫类型

咀嚼式口器害虫主要有斜纹夜蛾、地老虎、甜菜夜蛾、烟青虫、棉铃虫等。这类害虫主要通过取食植物的叶肉、花、茎杆等组织为害辣椒。

图 2-17 辣椒烟青虫

刺吸式口器害虫主要有蚜虫、白粉虱、烟粉虱、蓟马等。这类害虫除了通过吸取汁液对植物造成损伤外，还分泌蜜露引发煤污病。

图 2-18 辣椒蚜虫

图 2-19 辣椒白粉虱

图 2-20 辣椒蓟马

防治方法

辣椒虫害可采用“三诱”技术，即性诱剂、频振式杀虫灯和黄色诱虫板来防治。

图 2-21 辣椒诱色板

（a）

（b）

图 2-22 辣椒频振式杀虫灯

对于咀嚼式口器害虫，如棉铃虫，可用 1.8%阿维菌素乳油 3000 倍液或 10%氯氰菊酯乳油 2000 倍液进行防治。

对于刺吸式口器害虫，如蚜虫，常用 10% 吡虫啉可湿性粉剂 2000 倍液、1.8% 阿维菌素乳油 2000 倍液等喷雾，药剂应交替使用，每隔 5—7 天防治 1 次，连防 3 次。

项目三　番茄的生产技术

※ 学习目标

- 了解番茄地的选择。
- 掌握番茄的育苗、移栽、肥水管理、病虫害防治。
- 了解番茄的整枝绑蔓、花果管理。

※ 学习重点

- 番茄的肥水管理及病虫害防治。

任务一　番茄地的选择

选择3年内未种植过辣椒、番茄、茄子、烟草等作物的地块。

选择排灌方便、肥沃深厚、有机质多、没有受到污染的土壤。

选择背风向阳、交通方便的公路近旁的地块。

任务二　番茄的育苗、移栽

·育苗

晒种

将种子摊在阳光下晒2—3天，不能在高温下暴晒。晒种能让紫外线杀死一些病菌并提高种子的活力。

温汤浸种

将种子放入盆内，再缓缓倒入50—55℃的温水。倒水时如果没有温度计，温度以成人的手掌能承受的最大温度为宜，边倒边搅拌，水量为种子量的5—6倍，持续10—15分钟，捞出后晾干。

种子消毒

可在浸种后保持种子湿润的情况下，用百菌清或多菌灵拌种，用量为种子重量的千分之三到千分之五，实际以每粒种子都裹上一层药剂为宜；或用40%福尔马林100倍药液在常温下浸种15分钟，用清水洗净晾干。

催芽

用营养球育苗的，为了方便以后操作和防止种芽被损坏，不提倡催芽。用穴盘和基质育苗的，消毒后的种子浸泡 6 小时左右后捞出洗净，放在 25—28℃的温度下保温催芽。当 80% 的种子露白时即可播种。

播种后不干不浇水，为防止高温高湿出现“高脚”苗，应控温控水、炼苗和培养壮苗。

· 移栽

移栽前将土地翻犁整细，掏好边沟与破沟（中沟）。亩施腐熟有机肥 1000—2000 kg，硫酸钾复合肥 60 kg、普钙 25 kg 作为底肥。1.5 m 开厢，厢面宽 1 m、沟宽 0.5 m。

当苗龄 50 天左右，约 5 月上中旬，出现 4—5 片真叶时即可移栽大田，薄膜盖好后即可破膜打洞移栽幼苗，栽植深度以到子叶节处为宜，每个厢面栽植两行，株距 40—50 cm，移栽后浇定根水。

任务三　番茄的肥水管理

·施肥

苗移栽当天，立即打一次农药（如敌杀死），防土蚕咬食秧苗。移栽大田后，7 天之内，如发现缺苗，可及时补苗。定植成活后，每亩随水施尿素 5—7.5 kg 提苗。

第一簇果膨大期要进行一次追肥，以后每采收完 1—2 簇果，应及时追速效肥一次。还要掌握“前轻后重”，的原则，即坐果前轻施促苗肥，尤其要控制氮肥，每次追肥为每亩 7.5—10 kg 尿素和三元复合肥 5—10 kg。膨果期和采收期应定期追肥，施时离开根部 10—16 cm。叶面喷施微量元素肥是补充植株营养的既经济又有效的措施，可结合喷洒杀菌剂，定期喷施绿旺一号或三号、磷酸二氢钾等叶面肥。

·水分管理

▶ 定植初期，外界气温低，地温也低，不利于根系生长，一般不需要补充水分。

▶ 第一花序坐果后，结合追肥进行浇灌，保持土壤湿润。当大棚内温度上升，番茄植株生长迅速，并进入结果期时，需要大量的水分。

▶ 不能过干过湿，以免裂果。

任务四 番茄的整枝绑蔓

· 搭架

可选用 1.8—2.0 m 长、拇指粗的竹竿或树条，在离植株 8—10 cm 的沟侧插牢，同一厢面上相对应的两杆联结成高“人”字架。

图 2-23 番茄搭架

· 整枝

番茄侧枝较多，生长茂密，互相庇荫，需进行人工整枝。常用的方法有单干整枝法和双干整枝法。单干整枝就是只留主干，不留侧枝。双干整枝是除留主干外，再留紧靠第一花序下部的侧芽（最壮）形成的结果侧枝，其他叶芽全部摘除。侧芽约 3.3 cm 长时应及时摘除，过早或过迟均不利于植株生长发育。雨天不宜摘芽，以防感染病害。

·绑蔓

植株生长到一定高度（30 cm 左右）时，分次用布条或塑料绳把枝蔓绑到杆子上（捆绑采用“∞”字型捆绑，松紧适宜，不能损伤植株），以确保番茄植株能正常向上生长。

图 2-24 番茄绑蔓

任务五 番茄花果的管理

▸ 一般留 4—5 穗果，在最后一穗果上留 2 片叶摘心。

▸ 每穗果上留果 4—5 个。

▸ 用 10—15 mg/L 的 2,4-D 蘸花（不能喷在花、茎、叶上）。

▸ 从开花到果实成熟需要 40—60 天。

（a）　　　　（b）

图 2-25 番茄成熟度颜色的变化

任务六 番茄病虫害的防治

·病害

番茄青枯病

▸ 病症：全株发病，多在开花结果期发病。先是病株顶部叶片萎蔫，继之下部叶片，最后中部叶片萎蔫。萎蔫叶片仍保持绿色或浅绿色，但缺乏光泽。病株茎部出现水渍状条斑，后变为暗褐色。纵剖病茎，可见维管束变褐；横剖病茎，挤压切口可渗出米水状菌脓。如把病茎小段切口浸入清水中，少顷还可见米水状菌脓涌出。

▶ 防治方法：发病初期选用 72% 农用硫酸链霉素可溶性粉剂 1000 倍液、25% 络氨铜水剂 500 倍液、33.5% 喹啉铜 800 倍液、叶枯唑可湿性粉剂 800 倍液、77% 可杀得可湿性微粒粉剂 3000 倍液（上述药液每次任选一种）灌根。每株灌药液 0.3—0.5 kg，应交替使用不同药剂，隔 7—10 天灌 1 次，共灌 3—4 次。

图 2-26 番茄青枯病

番茄晚疫病

▶ 病症：

叶片受害 一般从叶尖和叶缘开始发病，出现不规则暗绿色水渍状病斑，病斑扩大后变为褐色。在潮湿的条件下，病势发展迅速。在叶背面，病斑的病与健部交界处有一圈稀疏的白色霉状物。

茎部受害 病斑可由叶片迅速向茎蔓延，接近叶柄处的茎部呈黑褐色腐烂，造成植株上部萎蔫或折断。茎上病斑暗褐色稍凹陷，边缘有较明显的白色霉状物。

果实病感受害 果实上的病斑呈不规则的灰绿色水渍状硬斑块，以后变为褐色或黑褐色，云纹状，边缘不明显，潮湿时病斑上会长出少量白色霉状物。病果质地硬实，不软腐。

▶ 防治方法：可用58%甲霜灵·锰锌可湿性粉剂500倍液，或72%锰锌·霜脲可湿性粉剂600倍液，或72.2%霜霉威盐酸盐水剂800倍液，或69%锰锌·烯酰可湿性粉剂（或69%水分散粒剂）1000倍液等药剂，间隔7—10天1次。在保护地也可用烟雾法或粉尘法防治，即选用45%百菌清烟剂每亩每次200—250 g，或5%百菌清粉尘剂每亩每次1 kg，间隔9—10天1次。

（a）（b）（c）

图2-27 番茄晚疫病症状

番茄病毒病

▶ 病症：

花叶型 叶片显黄绿相间或深浅相间的斑驳，或略有皱缩现象。

蕨叶型 植株矮化，上部叶片成线状，中、下部叶片微卷，花冠增大成巨花。

条斑型 在叶片上发生，为褐色斑或云斑；茎蔓上发生，为褐色斑块。变色部分仅处在表皮组织，不深入内部。

卷叶型 叶脉间黄化，叶片边缘向上方弯卷，小叶扭曲或畸形，植株萎缩或丛生。

图 2-28 番茄卷叶型病毒病

黄顶型 顶部叶片褪绿或黄化，叶片变小，叶面皱缩，边缘卷起，植株矮化，不定枝丛生。

图 2-29 番茄黄顶型病毒病

坏死型 部分叶片或整株叶片黄化，出现黄褐色坏死斑，病斑呈不规则状，多从边缘坏死、干枯。病株果实呈淡灰绿色，有半透明状浅白色斑点透出。

▶ 防治方法：发病初期，可喷洒 1.5% 植病灵乳剂 1000 倍液，或 20% 病毒 A 可湿性粉剂 500 倍液。预防为主，治疗为辅，发病后可用克毒宝喷施。

（a） （b） （c）

图 2-30 番茄病毒病

·虫害

棉铃虫

危害特征：幼虫可为害嫩梢、嫩叶和花蕾，3龄以后可蛀果为害。幼虫体长约35 mm，头呈黄褐色，体色多变，有淡绿色、黄白色、红褐色、黑紫色等，体表有长而尖的刺。

▶ 防治方法：

（1）棉铃虫95%的卵产于番茄的顶尖至第四层复叶之间，结合整枝，及时打顶和打杈，可有效减少卵量。

（2）在6月中、下旬二代棉铃虫发生盛期，适时去除番茄植株下部的老叶。这样既不会影响产量，又可改善通风状况，预防和减轻病虫害的发生。

（3）在菜田种植玉米诱集带，能减少番茄田棉铃虫的产卵量。

（4）在幼虫尚未蛀入果内时期施药。可选用26%灭虫威乳油，或30%灭铃灵乳油1500—3000倍液，或20%灭幼铃悬乳剂1500倍液，或20%菊杀乳油2000倍液。

图 2-31 番茄棉铃虫

番茄白粉虱

▶ 危害特征：成虫和若虫吸取植物汁液，使叶片褪色、变黄、萎蔫，还能分泌大量蜜露，污染果实和叶片。成虫体长约 1 cm，似白色小蛾子。若虫呈椭圆形扁平，淡绿色，体表有蜡丝，2 龄以后就会固定不动。

▶ 防治方法：把好育苗关，培育无虫苗。利用黄板诱杀成虫。生产中打下的枝杈、枯老叶。用 50% 敌敌畏熏杀，或用 48% 斯达速乳油 60—80 毫升 / 亩。

图 2-32 番茄白粉虱

美洲斑潜蝇

▶ 危害特征：幼虫取食叶片正面叶肉，形成先细后宽的蛇形弯曲或蛇形盘绕虫道，其内有交替排列整齐的黑色虫粪，老虫道后期呈棕色的干斑块区，一般1虫1道。成虫在叶片正面取食和产卵，刺伤叶片细胞，形成针尖大小的近圆形的刺伤“孔”，造成危害。“孔”初期呈浅绿色，后变白，肉眼可见。

防治方法

农业措施 种植前深耕土壤，害虫发生期增加中耕和浇水。收获完毕后，及时清除田间的植株和杂草，并高温闷棚。

物理防治 悬挂黄板，诱杀成虫。

生物防治 保护自然天敌。可喷施6%乙基多杀菌素20 mL/亩、1.8%阿维菌素乳油2500—3000倍液，可交替施药2—3次，每次用药间隔7—10天。

化学防治 可通过喷施75%环丙氨嗪可湿性粉剂3500—5000倍液进行防治。防治成虫喷药宜在早晨或傍晚进行，防治幼虫宜在低龄期施药。

图 2-33 番茄美洲斑潜蝇

项目四　平菇的生产技术

※ 学习目标

- 了解平菇的选地、装袋、消毒杀菌、分化期管理。
- 掌握平菇的选材、堆料发酵、接种、发菌管理。

※ 学习重点

- 平菇的选材、堆料发酵、接种、发菌管理。

任务一　平菇的选地

应选择靠近水源，利于排水；清洁卫生，远离污染源；保温保湿，通风良好的地块。也可以根据具体情况选择闲置的厂房或瓦房搭建凉棚，也可以利用防空洞等。

图 2-34 平菇凉棚

任务二　平菇的选材

图 2-35 原料发酵

▸ 常用栽培配方：可利用农产品下脚料稻草（谷草）、玉米秆（苞谷秆）、玉米芯（苞谷烑）、小木块等。稻草截成 6 cm 左右的小段，苞谷秆、木块等用粉碎机粉碎后直径为 2—5 cm。

▸ 配方比例：苞谷面 4%，谷草、木块、苞谷秆可三者选其一，比例为 30%，玉米芯（苞谷糊）54%，米糠 10%，石灰 2%，多菌灵 3 包。

任务三　平菇的堆料发酵

先用苞谷秆、苞谷糊和石灰按照上面的比例搅拌均匀，堆积成方块形，堆积厚度为 30—50 cm。在上面均匀喷水，使湿度达到 60%，用多菌灵化成水喷洒在堆料上面，最后用苞谷米和米糠干拌后洒在上面，发酵24小时就可以装包。

图2-36 平菇出菇房

任务四 平菇的装袋

可在网上购买专用菌包袋，长40—45 cm、宽20 cm规格的塑料袋，每袋装料2.5—3 kg。装袋可以手工装，也可以用装袋机进行装袋。

图2-37 平菇手工装料

任务五 平菇的消毒杀菌

根据菌包的数量用砖修建一个长约 4 m、宽约 2 m，高约 1.5 m 的消毒池，把装好的菌包放入杀菌池，用蒸汽炉的气体杀菌。在池底用木条垫 10 cm，便于蒸汽流通。把菌包平整放入池中，用塑料布盖起，当锅炉温度达到 100℃时杀菌 10 小时以上就可以了。

图 2-38 菌包杀菌池

任务六 平菇的接种

从消毒池取出菌包拿到接种房，待菌包温度降到 30℃以下后才可以接种。接种前对房间和手、工具等用 84 消毒液进行消毒。选择适应本地栽培的菌种，解开菌包的两端，用塑料环和橡皮筋绑扎，将适量菌种（3—5 g）从菌包两端放入，并用报纸封口，再用橡皮筋捆绑。重复在菌包的两端接种。

图 2-39 平菇接种

任务七 平菇的发菌管理

把接种的菌包拿到培养室，可南北两行并列为一排，每排间留 50 cm 宽的走道，可堆 5—8 层。经常检查菌包是否有杂菌，发现有点片状杂菌发生，应及时拣出。利用注射器注入消毒液，或用剪刀（或刀片）将塑料袋剪一小口，用浓石灰水或火碱溶液涂抹。菌袋杂菌发生严重的应淘汰。

图 2-40 平菇培养室

在培养室堆放 25 天左右，菌丝长满袋后立即把菌包搬到室外的大棚里。

任务八 平菇的分化期管理

小菇生长时，要控制好温度，最好不超过 30℃，并保持空气湿度为 85%—90%。夏天温度高，水分蒸发快，应经常喷水，可每天 3—5 次，以保证子实体正常生长发育所需的湿度。在菇房喷水时要将水喷在地面及四周墙壁上，直接喷于幼菇和子实体上时要用雾化水，同时要掌握喷水量。现蕾后每天喷水 4—5 次，喷水时应做到少、匀、细。有条件的可安装微喷系统。随着幼菇的长大而逐渐加大通风量。

图 2-41 菇房管理

任务九　平菇的采收

当平菇菌盖展开、中间下凹、边缘平展、呈浅灰色时适合采收。采收时丛生的要整丛一次性采收，采收后注意清理干净遗留的菇脚。

图 2-42 平菇的采收

· 3 ·

茶叶的生产技术

项目一　茶树的栽培技术

※ 学习目标

- 了解茶树栽培的要点。
- 了解茶树修剪及病虫害防治方法。
- 了解我国主要名茶的加工技术。

※ 学习重点

- 茶树的育苗及移栽技术。
- 茶树病虫害防治。
- 绿茶、红茶的加工技术。

任务一　建设新茶园

建设新茶园必须坚持高标准要求，按照茶园园林化、品种优良化、种植规格化、坡地梯土化、灌溉水利化的要求，做到开辟一亩、成园一亩、高产高效一亩，做到“头年种、二年摘、三年亩产超一百”。

图 3-1 高标准茶园

任务二 茶树的育苗和移栽

·育苗

茶树有性繁殖技术

播种方法 用茶籽育苗可采取单粒条播和穴播两种方法。单粒条播行距为20—23 cm，株距为3 cm。穴播行距为20—23 cm，穴距为10 cm，每穴播4—5粒种。播后盖土，土的厚度为3—7 cm。

图 3-2 茶树无性繁殖

茶树无性繁殖技术

无性繁殖是利用茶树的营养器官繁殖生长成新的个体。此法根据选用植株器官和方法的不同，可分为短穗扦播、压条繁殖和分根繁殖三种，其中短穗扦插繁殖运用普遍。

· 移栽

种子育苗苗高 33 cm 以上，扦插育苗苗高 27 cm 以上，且生长健壮为宜，这样有利于根系恢复成活。贵州在 10—12 月或春季 2—3 月都可以进行茶树移栽。寒冻不重的地区以秋栽为好；寒冻重的地区由于气温低，根系恢复不好，应以春栽为宜，成活率更高。

移栽技术

起苗前 2—3 天，苗床浇水 1 次，使土壤湿润，以利于起苗。起苗宜在阴天或雨后进行，多带土，少伤根。起苗后及时移栽，避免因日晒或挤压而伤根。移栽时按确定的行窝距挖好栽茶窝或栽茶行，施足底肥并与土拌匀，每窝栽 2 株，株与株之间相隔一定距离。栽的深度以根颈为宜，栽时要一手扶苗，一手不断向窝内填土，边填边压，使根与土结合。土填满后，浇定根水再培土，然后剪去枝叶的 1/3—2/5，以利于成活。

种植密度与种植规格

种植密度和种植规格要合理，每亩留苗：大叶型品种 5500—6000 株，中小叶品种 8000—10000 株。

任务三 茶树的施肥管理

施肥是茶园管理中一项经常性的工作，及时补充茶树所需养分，能使茶树正常生长。

基肥主要以厩肥、堆肥为主，每亩施 1000—1500 kg、饼肥 100—150 kg、过磷酸钙 15—25 kg、硫酸钾 8—10 kg。

追肥主要以氮肥为主，根据树龄或干茶产量合理施肥，适当配合磷、钾肥及微量元素。

图 3-3 茶园肥水管理

任务四　茶树主要病虫害防治

茶树病虫害防治的方法有农业防治、化学防治和生物防治三种。

图 3-4 小绿叶蝉活动区域

农业防治

农业防治就是在病虫害、茶树、环境条件等错综复杂的关系间，从农业技术措施上有目的地定向改变某些环境因子，使环境不利于病虫害的发生与为害，达到保护茶树、防治病虫的目的。农业防治是综合防治的基础，它有茶园耕作、修剪、清园等方法。

(a)

(b)

图 3-5 茶炭疽病

化学防治

化学防治在确保茶叶丰产与优质上发挥了巨大作用，具有速效、使用简便、受环境条件影响小等优点，但 20 世纪 60 年代以来，先是发现长效性有机氯农药在各种动植物体内、食品和环境中存在高残留现象，继而又发现不少农药可能致癌、致畸和致突变等，再加上化学农药对天敌有益生物种群的非选择性杀伤作用和病虫可产生抗药性等缺点，这些引起了人们对化学防治的忧虑。

图 3-6 黑刺粉虱

生物防治

生物防治一般指用食虫昆虫、寄生性昆虫、病原微生物或其他生物天敌来预防、控制和消灭病虫害。它具有对人畜无毒、不污染环境、对作物和其他生物影响较小、具有长效性等优点，其缺点是由于天敌生物本身也是一种生物，受环境影响较大，有些种类的繁殖和饲养工作比较复杂。此外，生物防治与化学防治之间有一定的矛盾。

防治措施：结合茶园管理、清除茶园及附近杂草，减少虫源和虫密度。及时采摘有卵的嫩梢。用 40% 的乐果乳剂 800—1000 倍液或 50% 的杀螟松乳剂，50% 的敌百虫、80% 的敌敌畏乳剂 1000—1500 倍液，10% 的天王星乳剂 6000—8000 倍液，5% 的来灵福乳剂 6000—8000 倍液，在出现高峰期时喷洒茶蓬。第一次喷后，隔 7—10 天再喷 1 次，防治效果更好。在 6—7 月的潜叶期间，用 90% 的乐果 1000 倍液或 50% 的敌敌畏 1500—2000 倍液进行喷杀。用 40% 的乐果乳剂 1000 倍液，90% 的敌百虫 500 倍液喷药防治。用“92—02” 25 倍液或 2.5% 的鱼藤精 300 倍液，80% 的敌敌畏 2000 倍液防治。

图 3-7 茶蚜

任务五　茶叶的采摘

·采摘与生长发育的关系

栽培茶树是为了采收幼嫩芽叶作为加工原料，而茶树新叶又是进行光合作用、制造营养物质的器官，因此采摘鲜叶既要考虑产量和品质，又要兼顾茶树的生长发育。

幼龄茶园应“以养为主，以采为辅”，促进茶树形成高产的树冠。成龄茶园则“以采为主，采养结合”，确保持续高产稳产。

图 3-8 春茶采摘

· 合理采摘的要求

根据茶树不同的生育阶段以及不同茶类要求采取不同的采摘技术，做到按标准采、分批采、留叶采。

采摘标准

茶叶的采摘标准与产量、品质有密切关系。根据分析，一芽二、三叶内含物质多、品质优良、经济价值高。生产大宗茶是当新梢生长到一芽三、四叶时采下；生产特殊的名茶，如“都匀毛尖”“湄江翠片”“遵义毛峰”“羊艾毛峰”等，则依工艺要求采独芽、一芽一叶或一芽二叶。

开采时间

当符合采摘标准的新梢达到该轮的20%即可开采。因各地区气温不同，所以具体时间很难统一。

采摘时应注意的事项

首先是采净对夹叶；其次要提高下树率，每批采下的芽叶应占标准芽叶的80%；最后要严禁强抓乱采，做到轻采轻放、勤采快运，减少机械损伤和避免茶叶堆积发热变质等情况。

图3-9 对夹叶采摘标准

·采摘方法

茶叶采摘有手工采、剪采、机采三种方法。

手工采

手工采是传统的采摘方法。此法根据手指对新梢着力的不同，又分为掐采、提手采和双手采。

掐采　又称折采，不提倡这一采法。

提手采　这是适中标准的采摘手法，也是有机绿茶的主要采法。

双手采　这是提高采茶工效的先进手采方法，较单手采而言效率提高了 50%—100%。一般每人每天少的可采 20—25 kg，多的可采 35—40 kg。但必须维持茶树的理想树冠，因此应保持采摘面平整、发芽整齐。

剪采

其方法是端平剪子，使刀口与茶蓬平行，从下到上，自右至左，轻快下剪，干净利落地剪下芽叶。

机采

目前使用的采茶机型有往复式切割机、水平旋转勾刀机和拉割式滚切机三种。

项目二　绿茶初制加工技术

※ 学习目标

▶ 了解绿茶初制的杀青、揉捻、干燥、工序。

※ 学习重点

▶ 掌握杀青技术。

▶ 掌握揉捻的方法。

绿茶种类繁多，但加工技术不尽相同。绿茶初制一般都包括杀青、揉捻、干燥三个工序。

任务一　杀青

·杀青的主要目的

▶ 破坏鲜叶中酶的活性，制止多酚类化合物的酶促氧化，以便达到绿茶、绿叶、绿汤的品质要求。

▶ 散发青气，发展茶香。

▶ 改变茶叶中的内含成分，促进形成绿茶的品质特点。

▶ 蒸发一部分水分，使叶质变得柔软，增加茶叶的韧性，便于揉捻成条。

总之，杀青是为了破坏鲜叶的组织与结构，改变鲜叶的性质，为绿茶独特的品质奠定良好的基础。

图 3-10 摊青

· 杀青技术

与杀青技术有关的因素主要有温度、时间、投叶量以及鲜叶的老嫩程度等。杀青技术主要有以下三种。

图 3-11 高温杀青

▶ 高温杀青，先高后低。所谓高温杀青，就是在较短时间内，将叶温上升到 80℃，并保持一段时间，彻底破坏鲜叶中酶的活性。到杀青后期，可以适当降低温度，防止芽尖和叶缘变焦黄，并进一步杀透，蒸发水分到适当的程度。

▶ 抛闷结合，多抛少闷。在高温杀青的条件下，叶子接触锅底的时间不能太长，否则会因为水蒸气和青草气不能及时散发，导致叶色变黄、香气低闷，所以必须用抛炒的方式使叶子蒸发出来的水蒸气和青草气迅速蒸发。如果炒的时间过长，就容易使芽叶变焦甚至断碎；因叶梗的含水量高，升温较慢，如果抛得过多，可能会导致杀青不匀，出现红梗红叶现象。

（a）　　（b）

图 3-12 抛闷结合

▸ 嫩叶老杀，老叶嫩杀。所谓老杀，就是杀青时间长、程度重、叶子失水较多。所谓嫩杀，就是杀青时间短、程度轻、叶子失水适当少些。因为嫩叶中酶的活性较强、含水量较高，若嫩杀，则酶的活性还未被彻底破坏，易产生红梗红叶。同时，杀青叶含水量过高，在揉捻时茶汁易流失，加压时易成糊状，芽叶易断碎，所以嫩叶宜老杀。粗老鲜叶则相反，因为粗老叶含水量少、纤维素含量较高、叶质粗硬，若杀青时失水过多，揉捻时难以成条，加压易成片状，所以老叶宜嫩杀。

· 杀青程度

杀青程度是决定绿茶品质的重要环节。杀青适度的主要标志是：叶色暗绿，折梗不断，青气消失，清香显露，紧捏叶子成团，松手可自动弹开，含水量通常为58%—62%。

任务二 揉捻

在绿茶加工中，除少数特种名优绿茶外，揉捻一般都是加工中不可缺少的工序。

· 揉捻的目的

- 卷紧茶条、缩小体积，为炒青的绿茶外形打好基础。
- 适当破坏叶组织，使细胞适当破碎，挤出茶汁附着于叶表面，便于冲泡溶解在茶汤中，增加茶汤浓度。

· 揉捻的方法

在绿茶加工中，有手工揉捻和机械揉捻两种方法。目前除一些名优绿茶尚保留手工揉捻外，大部分绿茶均采用机械揉捻。

手工揉捻

手工揉捻适合少量绿茶和部分名优绿茶。手工揉捻在揉捻台上进行，揉捻台上置有揉捻篾片。揉捻时，用单手或双手将茶叶握在手心，在揉捻篾片上向前方推揉，使茶团在手心翻转，中间解块几次，使加工叶不结块，成形均匀。

图 3-13 手工揉捻

机械揉捻

机械揉捻是使用茶叶揉捻机进行作业。机械揉捻时，揉捻筒装叶量要适当，“嫩叶适当多投、老叶适当少投”，揉捻中加压要遵循“轻—重—轻”原则，并且“嫩叶宜冷揉轻揉、老叶可热揉重揉”，对于一些名优绿茶，一定要“轻压短揉”。

任务三　干燥

干燥是绿茶初制加工的最后一道工序，也是发展和固定茶叶品质的重要工序。

图 3-14 干燥提香

・干燥的目的

- 进一步蒸发水分，使茶叶充分干燥，便于贮藏。
- 促进茶叶内物质进一步转化，发展茶香，增进滋味。
- 在揉捻成条的基础上，进一步紧结条索。

・干燥的方法

绿茶的干燥方法较多，同时应用的炒干机械和烘干机械的类型也较多。最常用的有炒干、烘干及烘炒结合等方法。目前，除少部分名优绿茶尚保留手工炒干或用烘笼进行干燥外，大部分绿茶的干燥作业已应用机械进行操作。

项目三　红茶初制加工技术

※ 学习目标

- 了解红茶初制的萎凋、揉捻、发酵、干燥、工序。

※ 学习重点

- 萎凋的方法与技术。
- 揉捻技术。
- 发酵的方法及程度。

图 3-15 红茶成品

红茶的初制有萎凋、揉捻、发酵、干燥四道工序。

红茶的加工是一个根据鲜叶内在的化学成分及其变化规律，人为地改变变化条件，形成红茶特有的色、香、味、形的过程。多酚类化合物的酶促氧化贯穿了整个制茶过程。

任务一　萎凋

萎凋是红茶初制的基础工序。在一定条件下，萎凋会使鲜叶均匀失水，激发内含成分达到适度的物理和化学两方面的变化。

·萎凋的方法与技术

萎凋的方法有萎凋槽萎凋、日光萎凋、室内自然萎凋和萎凋机萎凋等。目前生产上主要采用萎凋槽萎凋和日光萎凋。

图 3-16 萎凋时进行翻拌

萎凋槽萎凋

萎凋槽由空气加热炉灶、鼓风机、风道、槽体和盛叶框帘等部分组成。用鼓风机把热空气变成气流并强制它从叶层空隙间通过，以供应叶子水分蒸发消耗的热能，并及时吹散叶表面的水汽分子，达到均匀降低鲜叶水分的目的。

萎凋槽萎凋应掌握好温度、风量、摊叶厚度和翻叶等外部条件。

温度 鼓风气流温度一般控制在35℃左右，最高不超过38℃。夏、秋季自然温度较高，如在30℃以上时就不必加温，只鼓风，既节约成本，又提高品质。在萎凋过程中，温度要先高后低，雨水叶则掌握温度“低—高—低”原则。下叶前10—15分钟停止加温，只鼓冷风。

风量 风量控制在每小时16000—20000 m^3，风压为3333—4000 Pa。风量大小应根据叶层通气性能加以适当调节。

摊叶厚度 一般摊叶厚度为20 cm，每平方米15—16 kg，做到嫩叶薄摊、老叶厚摊。摊叶时要把叶子摊开，并使叶子呈蓬松状态，以利于均匀通风。

翻叶 为使萎凋均匀和加速萎凋，在萎凋过程中要适当翻拌。一般应在萎凋槽每小时停风时翻拌一次，翻拌时动作要轻，要翻匀翻透。

图 3-17 萎凋时进行翻拌

日光萎凋

在晴天，先将晒场打扫干净，然后铺上晒簟，把鲜叶均匀摊放在晒簟上，摊叶时以基本不重叠为度，中间翻叶一次。萎凋至叶质萎软、叶面皱卷时，移至阴凉处摊晾散热。

日光萎凋时应注意不能在强烈的日光下萎凋，高温季节的中午要暂停萎凋，否则会使叶子红变、萎凋不匀、芽叶枯焦。

室内自然萎凋

在通风良好的萎凋室内进行萎凋，室内排列多层萎凋架，将鲜叶摊放在萎凋帘上。

室内温度保持在20—40℃，空气相对湿度保持在60%—70%，每平方米摊叶1 kg，做到嫩叶薄摊、老叶厚摊。萎凋时间18小时左右为好。

图3-18 室内自然萎凋

室内自然萎凋存在萎凋时间长、占用厂房面积大的缺点，无法适应大生产的需要。

萎凋机萎凋

萎凋机萎凋是一种比较先进的萎凋方法，它具有连续性生产、效率高、占地面积小的特点。萎凋时，将鲜叶倒入盛茶斗，由鲜叶输送带进入机内，萎凋完成后由出茶口送出。萎凋时应根据具体情况进行各方面的调节，有利于获得良好的萎凋效果。

图 3-19 萎凋机萎凋

・萎凋程度

掌握萎凋的程度非常重要，只有掌握好萎凋程度，才能保证萎凋叶的高质量。萎凋适度的叶子特征是叶质柔软，叶片萎缩，梗不易折断，叶子紧握能成团，松手缓慢散开，叶色变为暗绿色，青气减退，香气显露。

萎凋叶的含水量以 60%—64% 为宜。嫩叶要重萎，老叶要轻萎。春茶萎凋叶含水量要偏低，一般为 60%—62%；夏茶萎凋叶含水量要偏高，一般为 62%—64%。

任务二　揉捻

红茶品质要达到外形紧结美观、内质滋味醇厚，就必须掌握好揉捻技术。

· 揉捻的目的

▶ 使叶片揉卷成条，塑造美观的外形。

▶ 使叶细胞破碎，茶汁附于叶表，利于多酚类化合物的酶促氧化，同时增加茶汤的浓度。

图 3-20 红茶揉捻

· 揉捻技术

揉捻效果与投叶量、揉捻时间和次数、加压和松压、解块筛分等因素有关。

投叶量

投叶量与揉桶直径大小有关。揉桶大则投叶量多，揉桶小则投叶量少（表 3-1）。

表 3-1 揉桶直径与投叶量

揉桶直径（mm）	920	650	550	450
投叶量（kg）	150±10	60±5	30±3	15±1

用揉桶装叶时不要过紧、过满，也不要太少、太松，嫩叶可适当多投，老叶可适当少投。

揉捻时间和次数

嫩叶分 2 次揉，每次 30—35 分钟；中等叶子分 2 次揉，每次 45 分钟；较老的叶子分 3 次揉，每次 45 分钟。

加压与松压

根据揉捻叶在揉桶中的揉紧成条规律，掌握“轻—重—轻”的加压原则，嫩叶轻压、老叶重压，轻萎凋轻压、重萎凋重压，每次加压 7—10 分钟，松压 3—5 分钟，加压与松压交替进行。

解块筛分

通过解块，使茶叶分开大小，初步分级，使发酵均匀，同时散发热量，降低叶温。解块筛分是提高茶叶品质的重要措施。

·揉捻程度

揉捻是否适度，可用感官测定和理化分析法来鉴定。

揉捻适度的叶子，细胞破坏率达 80%，成条率为 90% 以上，条索卷紧，茶汁溢出，有润滑感。揉捻不足，条索粗松，叶细胞破坏率偏低，发酵缓慢，会使成品茶香味变淡，叶底花青。揉捻过度，断碎严重，茶汁损失大，品质下降。

细胞破坏率的测定：以 10% 的重铬酸钾溶液浸泡茶叶 5 分钟，冲洗药液后，取 25—30 个叶片，重铬酸钾染色部分，按染色程度来鉴定它的叶细胞组织破坏率。

叶细胞组织破坏率 = 各片茶叶细胞组织破坏率总和 / 总叶片数 ×100%

任务三　发酵

发酵是红茶品质形成的关键工序。揉捻叶经过发酵，内质发生深刻变化，促使绿叶变红，形成红茶特殊的色、香、味。发酵的实质是多酚类化合物在多酚氧化酶的催化下，利用空气中的氧而发生一系列氧化作用，生成各种氧化产物。

·发酵的目的

发酵是为了提高酶的活性，促进多酚类化合物的氧化过程，在适宜的温湿度和供氧条件下适度发酵，从而形成红茶优良的色、香、味品质。

图 3-21 打工发酵

·发酵方法

发酵车发酵

发酵车下方放一块铝透气板，板上铺茶，通过供风系统，从多孔板下鼓入湿空气进行通风发酵，鼓风可起到供氧、增温、降温的作用。发酵车摊叶厚度为 10 cm 左右，通风的风温 22—25℃，相对湿度约为 95%，发酵时间为40—60分钟。

发酵盒发酵

设有专用发酵室，发酵室内放置发酵架和发酵盒，条件好的发酵室还配备有升降温和加湿装置。发酵时，将解块筛分叶均匀地摊放在发酵盒里，依次一层层放在发酵架上。摊叶厚度应根据叶子的老嫩、揉捻程度、气温的高低而定，一般为8—12 cm。发酵时间的长短也与叶子的老嫩、揉捻程度和气温的高低有关。在温度为22—26℃、相对湿度90%以上的适宜条件下，发酵时间一般为2.5—3.5小时。因条件不同，发酵的时间差异很大，应以发酵程度为准。

· 发酵程度

红茶在发酵过程中，发酵叶的叶色是由青绿、黄绿、黄、黄红、红黄、红、紫红到暗红色；香气则由青气、清香、花香、果香、熟香到逐渐低淡。

发酵适度的叶子，青草气消失，花果香显露，叶色红变，春茶呈黄红色，夏茶呈红黄色。发酵不足的叶子，有青气，叶色呈青绿或青黄；发酵过度的叶子，叶色由暗紫到暗红，香气由浓郁蜜香已开始逐渐低淡。

图 3-22 红茶发酵

任务四 干燥

发酵结束后应立即进行烘干，否则会发酵过度，影响品质。干燥分两次进行：第一次称毛火，采用高温快烘；第二次称足火，采用低温长烘，达到足干。

·干燥的目的

- 利用高温破坏酶的活性，使酶促氧化终止。
- 挥发青气，进一步提高和发展茶香。
- 蒸发水分，使茶叶充分干燥，固定品质。

· 干燥的方法

干燥分为手工烘焙和机械烘焙，手工烘焙用竹制烘笼，机械烘焙用烘干机。

（a）

（b）

图 3-23 红茶成品及汤色

烘笼烘焙

烘干时将发酵叶均匀摊放在烘笼的烘屉里，烘笼内放一盆炭火，上盖一层炉灰，用盖灰的厚薄调节温度的高低，利用炭火的热力使茶叶烘干。烘笼烘焙分毛火和足火，中间摊晾 40 分钟。毛火烘焙温度为 90—100℃，烘干时间为 25—30 分钟；足火烘焙温度为 70—80℃，烘干时间为 40—50 分钟。

烘干机烘干

烘干机有手拉式烘干机、全自动烘干机，目前应用较广的是全自动烘干机。用全自动烘干机烘干应掌握毛火高温、足火低温的原则。毛火温度为120—125℃，足火温度为85—95℃。毛火与足火之间要进行摊放，使叶内水分分布均匀。毛火高温短时，以10—15分钟为宜；足火应低温慢烘，以15—20分钟为宜。摊叶厚度掌握毛火薄摊、足火厚摊，嫩叶薄摊、老叶厚摊的原则。

图3-24 烘干的茶叶

·烘干程度

毛火叶含水量为20%—25%，达七八成干，叶条基本干硬，嫩茎稍软；足干茶含水量应为4%—6%，茶条一折即断，用手指一捻便成粉末。

·4·

其他作物的生产技术

项目　烤烟的生产技术

※ 学习目标

- 了解烟叶种植地址的选择。
- 掌握烟叶的育苗、移栽、肥水管理、病虫害防治。
- 掌握绑烟与装烟技术。
- 了解烟叶的打顶抹芽、采摘。

※ 学习重点

- 烟叶育苗。
- 烟叶田间管理。
- 烟叶烘烤。

任务一　烟叶种植地址的选择

土质　烟地的土质，以中等或上中等肥力的沙土为最好，其次为黄泥土，黑土地最次。土壤的 pH 值在 5.5—7.0 为好。

地势　按地貌来说，烟叶种植在丘陵或岗坡地上，优于种植在平川地或地势低的地块。

茬口 不宜与茄子、辣椒、番茄等茄科作物进行连作、轮作。

任务二 烟叶的育苗

烟叶育苗的目标是培育出适、齐、壮、足的烟苗。成苗标准：苗龄约65天，单株叶数为7—8片，茎高8—15 cm，茎围为2.0—2.5 cm。烟苗清秀无病，叶色绿，叶片稍厚，根系发达，茎秆柔韧性好，可绕指，烟苗群体均匀整齐。

图4-1 10 cm左右的烟苗

·常规育苗技术

常规育苗主要采用两段式育苗。烟草种子先播种到母床，待烟苗长到4—7片真叶时，假植到营养袋上并摆放到子床中进行培育，促进烟苗多发侧根，有利于地上、地下部均衡健壮生长，培育大龄壮苗10—12片真叶。

图4-2 子床中的烟苗

选地做畦 母床（直接播种的苗床）与假植苗床和大田之间的面积比例大致为1∶3∶200。母床宽1.2 m左右，畦间距离为0.5 m左右。床土在冬前或春初深挖，做畦时细整，并开好排水沟。

苗床消毒 苗床地先要翻松深15 cm，长宽度以方便盖膜为宜；苗床土准备好后，在上面安放支架，然后覆盖薄膜，四周挖沟用土压实，严防漏气；用称量法按熏蒸面积放药，一般每平方米用药30—40 g；床土温度在15℃以上时的熏蒸时间为24—48小时；熏蒸后及时揭去薄膜，立即划锄土面，使剩余的溴甲烷气体散发，在除去薄膜通风之后，即可整地播种。

苗床施肥　苗床消毒后，每畦（约 10 m 长）用稀粪水（经发酵熟化）200—250 kg，使床底吸水达饱和状态，再均匀撒铺厚 1—1.5 cm 的营养土。

适时播种　南方烟区气候条件差异很大，栽培制度也各不相同，必须根据当地的气候条件和栽培制度确定播种时间。南方烟区春烟的播种期多在 12 月中旬至次年 3 月上旬，夏烟一般在 3 月中旬至 4 月上旬播种，秋烟一般在 7 月下旬至 8 月上旬播种。

播种方法　播种前应进行种子精选、消毒、浸种和催芽。

·集约化育苗技术

漂浮育苗

漂浮育苗属于水培育苗，其原理是将种子播于填满基质的育苗盘上，再将育苗盘漂浮在营养液中，烟苗所需的营养均来自营养液。育苗盘的规格为长 61 cm、宽 41 cm、高 6 cm。

育苗材料　主要由泥碳土、碳化谷壳（避免碳化过度，成形度在 85% 以上）、膨胀珍珠岩和蛭石等按一定比例配制而成。

育苗专用肥 每袋内含1、2、3号肥（基肥）和4号肥（追肥）。种子采用包衣种子。配制育苗肥料时必须采用清洁、无污染的水源，如井水、自来水或山泉水。

图4-3 育苗盘

建育苗棚 场地选择避风向阳、地势平坦、地下水位低、有洁净水源（井水、自来水）、交通方便、远离建筑物等影响苗棚光照的场地建棚。育苗棚以中棚为主，大棚为辅。苗棚跨度、高度、长度因育苗面积大小而异。

建育苗池 育苗池制作好后，应于播种前2—3天蓄水，水深10 cm，先检查育苗池是否漏水，再添加营养液。用1%—2%的福尔马林或0.05%—0.1%高锰酸钾喷洒育苗地，盖膜熏蒸1—2天，然后用清水冲洗干净。新育苗盘可免去这一步骤。

苗盘消毒 选用2%氧化氯150倍稀释液、30%有效氯漂白粉20倍或0.05%—0.1%高锰酸钾进行消毒处理；同时喷施25%敌杀死3000倍液、功夫3000倍液防治场地周围及育苗池地下害虫。

营养液配制 育苗盘入池前应先将1、2、3号育苗专用肥分别溶于水，再分别倒入育苗池搅拌均匀，以免发生沉淀，降低肥效。间苗、定苗时加入4号育苗专用肥。加肥时先将其溶解，然后在距育苗池两端1/3处各取出1盘，分别往池中加入1/2的营养液，搅拌均匀。

基质装盘和播种 将盘放于水平铺膜的地面上，先将基质用清水均匀洒湿，洒湿程度以手握成团、松手散开为宜。播种时要求每个育苗穴内播1—2粒包衣种子，每播种5—10盘应立即洒水至种子充分裂解，使盘底有少量滴水，然后移入配好营养液的育苗池中。

湿润育苗

湿润育苗指在大棚或温室内，将包衣种子直播于装有基质的苗盘穴内，苗盘放于浅池内。在烟苗封盘前，种子萌发及幼苗所需养分和水分，由池底的营养液（水层1—1.5 cm）通过基质的毛细管作用供给。烟苗封盘后，水分和养分由人工喷施营养液供给，并且育苗中后期应保持基质适当的干湿交替，以促进侧根的充分生长，形成有效根群。

图 4-4 湿润育苗

育苗材料 包括 100 孔的塑料托盘、育苗基质、育苗专用肥和种子。

育苗棚的建设 湿润育苗棚和漂浮育苗棚的建设相同。苗棚跨度、高度、长度根据育苗面积大小进行调整。

苗床准备 制作凸形苗床。

基质的搅拌与装填 取新鲜干净的黄泥土，过筛后按体积 3:7 的比例（即黄泥土 3 份，湿润育苗基质 7 份）与基质混合，充分搅拌均匀后装盘。

播种 每个育苗孔穴内播 1—2 粒包衣种子，播完后在盘上方均匀反复用喷雾器喷洒清水，使种子包衣充分裂解，然后将塑料托盘两个并排摆放在育苗床的塑料膜上。

营养液配制和使用 每份湿润育苗营养液母液包括 1 瓶 1 号肥和 1 瓶 2 号肥，可配 85 kg 的营养液，分期兑水施用。

图 4-5 移栽苗

任务三 烟苗移栽

·确定移栽期

春烟应在终霜期后、日平均气温稳定在 12℃以及地温达到 10℃时移栽。移栽时月雨量保持在 100—1300 mm 为宜。最好选择阴雨天及晴天傍晚移栽，大风大雨天气不宜栽烟。

·确定种植密度

烟叶的种植密度：生产条件好、中上等肥力的烟田密度为 1.5 万—1.9 万株 / 公顷；一般生产条件、中等肥力的烟田密度为 1.9 万—2.2 万株 / 公顷；生产条件差、肥力低的烟田密度为 2.4 万株 / 公顷左右。

· 栽植方法

主要采用单垄宽行种植（畦高 25—30 cm、宽 60—80 cm，沟宽 40—50 cm，行距为 100—110 cm，株距为 50—60 cm），畦面要平整端直、土块细碎。

图 4-6 大面积种植的烤烟

任务四 烟叶的肥水管理

▸ 移栽后 5—7 天，每亩用提苗肥 8—10 斤兑清水 800—1000 斤浇施提苗肥，注意不能淋到烟心。

▶ 追肥应在晴天水施，移栽后 20—30 天 内，在两株正中间挖 15—20 cm 深的坑，将专用追肥 20 斤和硫酸钾 40 斤混合均匀，兑水 800—1000 斤进行穴施，施后覆土，最好结合揭膜培土进行。

▶ 施叶面肥，进入旺长期后，根据烟株 长势长相，在雨过天晴的下午适当喷施叶面肥。

▶ 前期要尽早施肥，一般在烟草苗移栽 10 天后开展第一次追肥工作；中期要稳定施肥，在移栽后 20—25 天开展第二次追肥；后期要控制施肥，主要根据烟草的生长情况进行确定。

▶ 灌溉工作主要根据烟叶生长的不同时期进行灌溉，在灌溉时要对移栽后的烟草苗进行充分灌溉，当烟草成熟后要少浇水。一般在上午 10 点之前或者下午 5 点之后进行灌溉。灌溉的方式一般有管灌、喷灌等。

任务五 烟叶的打顶、抹芽

• 打顶

打顶：指摘去烟株顶部幼嫩的花蕾或花序。

打顶技术

生长正常的烟株待田间 50% 的烟株中心花开放时打顶，打顶时要将连同花芽上着生的 2—3 片无效叶一并打掉。应进行 2—3 次打顶，保证田间生长整齐度。正常条件下留叶 20—24 片，在生产实际中留叶数要考虑品种特性、气候条件、土壤肥力（施肥多、多留叶）、栽培条件（灌溉好、多留叶）、栽植密度（密度大、少留叶）等因素。

烤烟打顶的方法有扣心打顶、现蕾打顶、初花打顶、盛花打顶等。

扣心打顶 此法要针对早花发生较重（叶片数不足 14 片）的烟田，即待烟株现蕾时，将花蕾以下 2—3 片小叶随同花蕾打掉，然后在倒数 2—3 叶位处留芽 1 个，抹掉其他腋芽，视烟杈芽的长势留 4—6 片叶，同时根据烟株长势补施适量追肥，并及时培土。

现蕾打顶 长势较差的烟田采取此方法，田间有一半烟株的第一朵中心花开放时，将花蕾上着生的 2—3 片小叶随花蕾一并打掉，留叶 18—20 片。

初花打顶 此法为目前提倡的打顶方法。在初花期，留 20 片左右的叶片进行打顶。初花打顶虽养分消耗多，但此方法可以减少打顶次数，有效控制烟株的株型。

盛花打顶 主要针对生长较旺、叶色浓绿的烟田，在多数烟株的花大量开放时打顶。单株留叶22—26片，同时选择在烟株倒数第2—3叶位处留一根烟杈，烟杈再进行打顶留2—4片叶。这种方法常导致烟株顶端伤口过大，易造成病害传播。盛花打顶在管理水平较差的地区常用，或是田地里肥力过大，为了促进烟叶成熟落黄，才会采取此类方法。

打顶原则

- 对于个体烟株，将整个花序连同其下2—3片花叶一起摘除。
- 对于生长整齐一致的群体烟株，采取一次性打顶；生长不整齐的，在4—7天内进行2—3次打顶。
- 打顶应选择晴天的上午进行，以利于伤口愈合，避免伤口感染和病菌侵入。
- 打顶后烟株主茎的顶端要略高于顶叶的叶基部，以免导致顶叶失水过多而萎蔫，甚至死亡。
- 打顶时摘下的整个花序、烟芽要带出烟田，并集中处理。

· 抹芽

抹芽：指抹去从烟株茎部萌发的分枝（烟杈）。

烤烟抹芽主要是人工抹芽，即人工利用药剂涂抹或淋施的方式处理打顶后的伤口，促进伤口愈合，同时抑制腋芽的生长。一般在烟芽长到3—4 cm时进行，每5—7天抹芽一次，也可结合采收进行。近年来常用的抑芽剂有氟节胺乳油和仲丁灵乳油。在抹芽过程中需注意这些问题：先抹杈再施药、让药液接触每个腋芽、在晴天早晚施药、采烟前7—10天禁止施药以及安全使用与保管药剂等。

图 4-7 抹芽

任务六　烟叶的病虫害防治

·防治对象

主要有叶斑型病害（包括病毒病、赤星病、野火病、破乱叶斑病、气候斑点病、白粉病等）、根茎型病害（包括黑胫病、根黑腐病、青枯病、立枯病、根结线虫病等），地老虎、金针虫、烟蚜、软体动物等及烟青虫、斜纹夜蛾等虫害。

·防治方针

贯彻“预防为主、综合防治”的方针。

·防治方法及措施

（a）　（b）　（c）

图 4-8 烟叶病害

▶ 在移栽当天、栽后 15 天、30 天及打顶抹杈阶段，防治病毒病，可使用的药剂有 18% 丙多吗啉，或 31% 吗啉呱三氮唑。

▶ 对于青枯、黑胫、根黑腐、低头黑等病系根茎型（土型）病害，移栽时施用农用链霉素、25% 的甲霜霜霉威、58% 的甲霜霜灵锰锌或 70% 的甲基硫菌灵或 50% 的多菌灵 500—800 倍液淋蔸，7—10 天 1 次，连续 2—3 次。

▶ 对于赤星、野火、叶斑病。在始发期使用 40% 的菌核 500 倍液和农用链霉素防治，7—10 天 1 次，至烟叶采收结束。

▶ 对于地老虎（含金针虫）等，在移栽当天进行防治，结合浇定根肥水进行。

▶ 对于烟蚜，在移栽当天、移栽后 15 天、30 天及打顶抹芽阶段，结合防治花叶病进行，可使用万紫 1000 倍液喷雾。

▶ 对于烟青虫、斜纹夜蛾，可用斜纹夜蛾灵 100 倍液喷雾防治低海拔地区在 5 月中旬防治，高海拔地区在 6 月上中旬防治。

图 4-9 常见的病虫害

任务七　烟叶的采摘

·分期采收烟叶，采烟要求做到“三同”

采收烟叶必须分期进行，每次采烟要求做到同一品种、同一部位、同一成熟度，这样才便于烘烤，促使烟叶内含物质的分解转化速度及变黄、干燥速度一致，保证烟叶的烘烤质量。

·采烟时间

一般情况下，采烟时间宜在早晨或上午进行，此时空气清新，易于识别成熟度。干旱天气宜采露水烟，以利于保湿变黄。烟叶成熟后，若遇阵雨，可在雨后立即采收，以防返青。若降雨时间过长，出现返青烟，应等其重新落黄后再采收。烟叶采收时，要求不采青、不过熟，确保烟叶成熟度、整齐度一致；不暴晒、不挤压，确保鲜烟叶质量不受影响。

· 采收方法

在采烟之前应先将采烟人员集聚在一起，统一认识，统一成熟标准；然后再各自进入烟行间采收两边成熟的烟叶。对一株烟，先确定需要采摘的烟叶，然后用中指和食指托住叶基部，拇指放在柄端上面，向两侧拧压，再向下按，烟叶即摘下。这样摘下的烟叶，其柄端呈“马蹄”。注意不要将烟株上的皮撕下，以免损坏烟茎，影响烟株生长。通常一只手采烟，另一只手抱着烟叶。

· 坚持“先健株后病株”的采烟原则

在采摘时应先采无病烟株的烟叶，最后再采摘已发病的烟株，以避免在采摘过程中传染病原。

任务八　绑烟

・绑烟要求

▶ 分类编竿，同竿同质。绑烟前，应将鲜烟准确分类，把不同营养水平、不同成熟度、正常烟、非正常烟、病残烟等烘烤特性不同的鲜烟分开堆放，绑竿时分别上竿。

▶ 数量适当，稀密适宜。叶大、含水量高的宜稀，每扣 2 片，1.5 m 长的烟竿可绑 50—60 扣；叶小、含水量少的宜稍密，每扣 3 片，每竿可绑 60—65 扣。绑烟时，烟竿两头应各留出约 10 cm 的空头。

▶ 叶基对齐，叶背相靠。每扣烟叶的叶片基部要对齐，叶柄露出烟竿 3.5 cm。烟叶在烘烤失水过程中都是向叶面卷曲，烟叶“背靠背”，利于水分散失。

▶ 精心操作，减少损伤。绑好的烟叶要放在晾棚里，防止日晒，以免烟叶失水凋萎、灼伤。绑好一批装炕一批，避免堆积过多，造成叶片损伤，影响烘烤质量。

・绑烟方法

绑烟时，准备直径为 2—3 cm 的烟竿，一般采用

1.5 m 长的竹竿或木棍。每根烟竿配有竿长两倍的细麻绳，绑烟时将麻绳一端固定在距竿头约 10 cm 处。一般绑烟法有以下几种。

死扣绑烟法（又称猴吊颈） 一手拿绳，一手拿烟，将叶柄放于绳和烟竿之间，拿绳绕叶柄一周，使绳交叉，绳再向下方一绕，将烟向前一推，即绑成左边第一扣，然后绑右边第一扣。此法稍费工，但烟叶绑扎得牢固。

活扣绑烟法（又称活络套） 一手拿绳，一手拿烟，绳靠烟竿，叶柄靠绳，绳子绕叶柄一周，即绑好左边第一扣。绳子摆向烟竿右边，依法绑好右边第一扣。此法稍省工，但烟叶时有脱落，且易翻竿。

梭线绑烟法 用细麻线将比烟竿短的小竹条绑在距竿头 10 cm 左右处。绑烟时，烟竿在下，竹条在上，用麻绳在烟竿与竹条之间左右穿梭，一直绑到烟竿另一头约 10 cm 处，最后绑紧。此法不易掉烟，烟叶分布均匀，且省工。

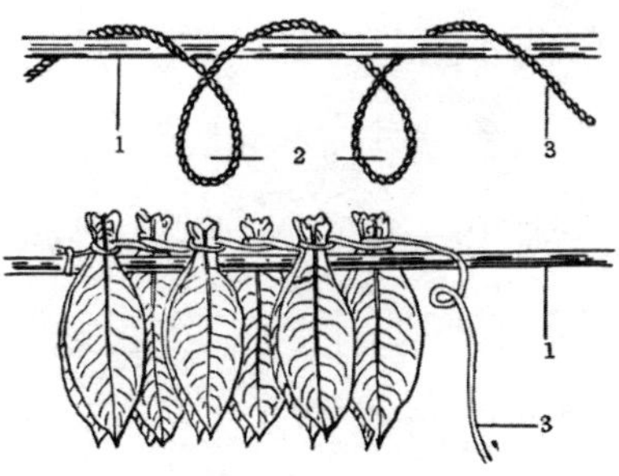

图 4-10 梭线绑烟

任务九 烟叶的烘烤

目前，我国烟叶烘烤以三段式烤烟工艺为主。烟叶烘烤分为变黄、定色、干筋三个阶段，每个阶段的技术要求如下。

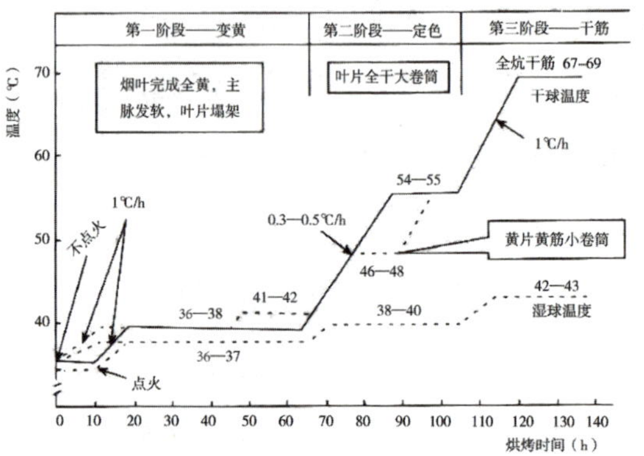

图 4-11 烘烤时间与温度的关系

·变黄阶段

变黄阶段分两步进行：第一步，烟叶装满炕后封严天窗地洞，点火后稳烧小火，以每 2 小时升温 1℃的速度将干球温度升到 35—38℃，保持湿球温度比干球温度低 1—2.5℃，直到底棚烟叶 80%以上变为八成黄，即除叶基部、烟筋和烟筋两边为青色外，叶片呈黄色发软；

第二步，将干球温度升高到40—42℃，保持湿球温度为36—37℃，直到烟叶变化达到要求。通常要适量打开天窗地洞进行排湿，使烟叶既变黄又变软，防止出现烟叶只变黄不变软的硬变黄现象。

技术要领：稳干球温度，调湿球温度，控制烧火，延长时间，确保变黄变软。

· 定色阶段

定色阶段的主要目的是使叶片干燥。要逐渐加大烧火，逐步开大天窗地洞，不断加大排湿量。首先以2—3小时升温1℃的速度将干球温度提升到46—48℃，使烟筋变黄，使叶片从勾尖卷边到小卷筒；然后再以每2小时升温1℃的速度使干球温度升到54—55℃（达到此温度时要延长足够的时间），控制湿球温度在37—39℃（最高不超过40℃），达到烟叶全干大卷筒。

技术要领：稳住湿球温度，升高干球温度，加大烧火。

· 干筋阶段

以每小时升温1℃的速度使干球温度升高到65—68℃

并稳定，期间要逐渐关小天窗地洞，以保持湿球温度在41—42℃，直到烟筋全干。温度过高会形成烤红烟；湿球温度过低将不利于改进烟叶的颜色和色度，也会造成燃料浪费。

技术要领：控制干球温度，限制湿球温度，减小通风，适时住火。

实施三段式烘烤技术要把握几个重要温度段烟叶变黄与干燥的协调：

（1）35—38℃：烟叶大量变黄的同时，叶片会失水凋萎，表现为发软（失水量为20%左右）。

（2）41—42℃：烟叶基本全变黄，叶片完全凋萎塌架，主脉发软（失水量为30%—40%）。

（3）46—48℃：烟筋变黄，达到烟叶黄片、黄筋、小卷筒（失水量为50%左右）。

（4）54—55℃：烟叶达到大卷筒（失水量为70%—80%）。

后　记

2014年6月23日—24日，全国职业教育工作会议在北京召开。习近平总书记就加快职业教育发展作出重要指示："要加大对农村地区、民族地区、贫困地区职业教育支持力度，努力让每个人都有人生出彩的机会。"中共贵州省委、省人民政府为认真学习贯彻习近平总书记的指示精神，召开了全省教育高质量发展大会，制定实施措施，安排贵州省教育厅在全省抓好落实。省教育厅按照中共贵州省委、省人民政府的工作部署，及时出台了《贵州省整体提升教育水平攻坚行动计划（2021—2030年）》，围绕全面推进乡村振兴战略需要，以提升学历水平、职业技能和农业生产经营能力为导向，深入推进面向农村的职业教育改革，加快培养高素质农民，集中力量对具有劳动能力但文化水平较低的人员实施技能学历双提升，通过职业教育让相关人员提升文化素养、学得一技之长，达到毕业条件的学员可获得中等职业教育文凭。

本教材旨在帮助低学历劳动者快速掌握作物生产的基本知识及操作技能，使其能学有所用，学有所获。

教材编写充分考虑了贵州省农村作物生产现状技能需求与受教育者学习规律，教学内容按课程标准科学规范设置，浅显易懂。本书从贵州地区常见作物生产、果树生产、蔬菜生产、茶叶生产等基础知识入手，逐步融入桃树生产技术、李树生产技术、柑橘生产技术、刺梨生产技术、西瓜生产技术、辣椒生产技术、西红柿生产技术、平菇生产技术、茶叶生产技术、烤烟生产技术等，并配以图片进行讲解、说明，具有较强的指导性和实用性。

本教材编著分工如下：王达俊编写桃树生产技术、李树生产技术、西瓜生产技术、辣椒生产技术、西红柿生产技术；杨光富、王达俊编写柑橘生产技术；叶仕英、王达俊编写茶树栽培技术、刺梨生产技术、烤烟生产技术；田维章、秦思宇编写绿茶初制加工技术、红茶初制加工技术；陈远锋、王达俊编写平菇生产技术。

在教材编写过程中，得到了瓮安县花竹茶业有限公司、瓮安县利丰园农业开发有限公司、贵州苗岭雾海有机茶园有限公司及相关专家的大力支持，参考了相关专家的大量文献资料，仿绘了其图例，由于种种原因参考文献未在书中一一列明，敬请谅解。贵州大学出版社多次组织召开教材编写修订会，编写人员在业内专家和贵州大学出版社的帮助下，最终完成了教材的编写工作。在此谨向有关专家、单位表示感谢！

衷心希望本教材的出版能为推动贵州省职业技能学历双提升工程教学工作的顺利实施，为全面提升贵州教育水平、助力贵州乡村振兴做出贡献。

由于编写者水平有限，书中难免存在不妥及疏漏之处，敬请读者批评指正。